Epanet y Cooperación

44 Ejercicios progresivos comentados paso a paso

Primera Edición.
Diciembre 2007.

Santiago Arnalich

arnalich

water and habitat

Epanet y Cooperación

44 Ejercicios progresivos comentados paso a paso

Primera Edición.
Diciembre 2007.

ISBN: 978-84-612-1286-6

Foto de la portada: Proja Jadid, Afganistan.

Depósito Legal: M-55073-2007

arnalich
water and habitat

Indice

1

Antes de comenzar

> ➤ **A menudo, unas pocas horas de ensayo y error pueden ahorrarte algunos minutos de leer manuales.**

(Anónimo)

Algunas cosas importantes antes de empezar

● Este manual está pensado para su aplicación en proyectos de Cooperación al Desarrollo. Las particularidades del contexto hacen que muchos componentes y procedimientos tan necesarios en proyectos de países ricos no tengan sentido y al contrario.

● Se limita al diseño de una red. El análisis de redes existentes implica un paso más en cuanto a complicación y necesita frecuentemente técnicas y enfoques más elaborados. Por ejemplo, los modelos una vez construidos deben ser calibrados.

● Se han incluido muchos ejercicios que no son estrictamente ejercicios de Epanet. Esto se debe a que es muy fácil perder el tiempo con Epanet calculando cosas que no tienen mucho sentido y pueden poner los proyectos en peligro. Epanet trabaja con los datos que le damos y es muy importante tener claro cómo se obtienen.

● Con software, 6 meses es una eternidad. Algunos de los procedimientos descritos serán mejorados en cuestión de meses, aparecerán programas y accesorios nuevos y formas más eficaces de hacer lo mismo. Por otro lado, Epanet se aprende y se reaprende periódicamente, según se va necesitando. Es raro que en Cooperación alguien esté ocupado a tiempo completo durante mucho tiempo. Así, no se pretende hacer un manual de última generación, sino un manual al que se pueda volver cada vez que se necesita.

● A pesar de que se ha puesto especial esmero en la exactitud de las informaciones que contiene este manual, ten presente que lo usas por tu cuenta y riesgo. El autor no acepta ninguna responsabilidad por daños y perjuicios que pudieran derivarse de su uso. No te sorprendas, el software en el que se basa, se distribuye con el mismo aviso a pesar de ser referencia mundial desde hace más de diez años.

● Nadie es perfecto. Si encuentras errores ten la bondad de informarme de ellos, publicaciones@arnalich.com. Si se encuentran erratas, serán publicadas en www.arnalich.com/dwnl/xepax.doc

Cómo está organizado este libro

1. **Es progresivo**. Los ejercicios siguen el orden lógico de cálculo de una red y van aumentando en dificultad. Eres libre de utilizarlo cómo mejor te parezca sabiendo que si sigues el orden planteado probablemente te rascarás la cabeza menos.

2. **Es complementario** a *"Epanet y Cooperación. Introducción al cálculo de redes de agua por ordenador"* ISBN 978-8-4611-9322-6. En él se explica de manera sencilla la teoría que necesitarás para los ejercicios que encontrarás aquí. Puedes consultarlo gratuitamente en línea, y también comprar un ejemplar o pdf en www.epanet.es.

3. Tiene **contenido online**. Para descargarlo ve a la dirección www.epanet.es/contenidosepax.html. ¡Recuerda añadir a favoritos esta dirección!

4. Tiene **avisos**:

¡ATENCIÓN! En Epanet es fácil cometer algunos errores que son difíciles de detectar. Con este símbolo se señalan los más frecuentes para evitar que "te exploten en las narices".

¡OJO, GRAN PÉRDIDA DE TIEMPO! Como en todos los programas informáticos y la vida misma, es muy fácil empantanarse haciendo trabajo basura que hará "que se nos suban encima los caracoles".

5. Tiene **rutas** con esta pinta: "> Proyectos/ Valores por defecto". La barra oblicua indica que hay un salto en el menú, de manera que esa ruta es equivalente a

pinchar "Proyecto" en el menú general y "Valores por Defecto" en el que se despliega:

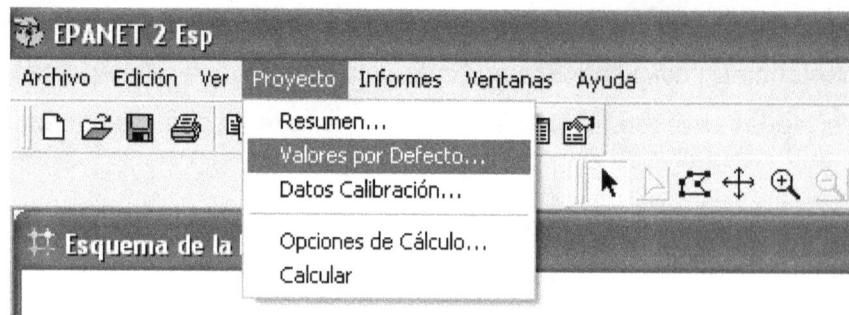

Si la ruta fuera Visor /Datos /Bombas, deberás ir al Visor, la pestaña de Datos y seleccionar bombas:

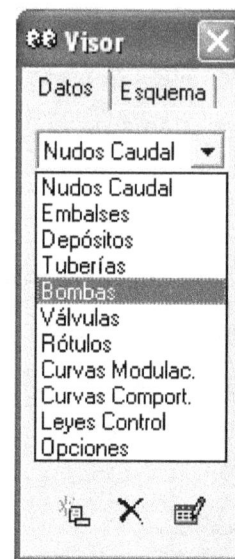

6. Tiene **símbolos** para facilitar la lectura:

¡Descarga necesaria! Para hacer la tarea propuesta necesitarás descargar el archivo propuesto.

Enlace a información necesaria o interesante.

Invitación a **guardar el archivo** con el nombre sugerido. Se ulilizará posteriormente en otro ejercicio.

La **teoría necesaria** está en las páginas enumeradas del libro *"Epanet y Cooperación. Introducción al cálculo de redes de agua por ordenador"*.

Material complementario. Habilidades no necesariamente relacionadas con Epanet pero necesarias.

Descargando el programa y el manual

Epanet y su manual se descargan gratuitamente en castellano de la dirección:

www.aguasdevalencia.es/portal/web/Tecnologia/Tecnologia/SistemasRedes/EPANET.html

Alternativamente y si fallara o cambiara este enlace en el futuro, www.epanet.es guarda una copia del programa accesible en:

www.epanet.es/descargas.html

No uses otras direcciones para descargar el programa. Algunas de las traducciones de Epanet tienen problemas de funcionamiento y no incorporan las mejoras de esta versión.

Instalando Epanet

Una vez descargado el programa, encontrarás un icono similar a este en la carpeta de tu ordenador donde lo hayas descargado.

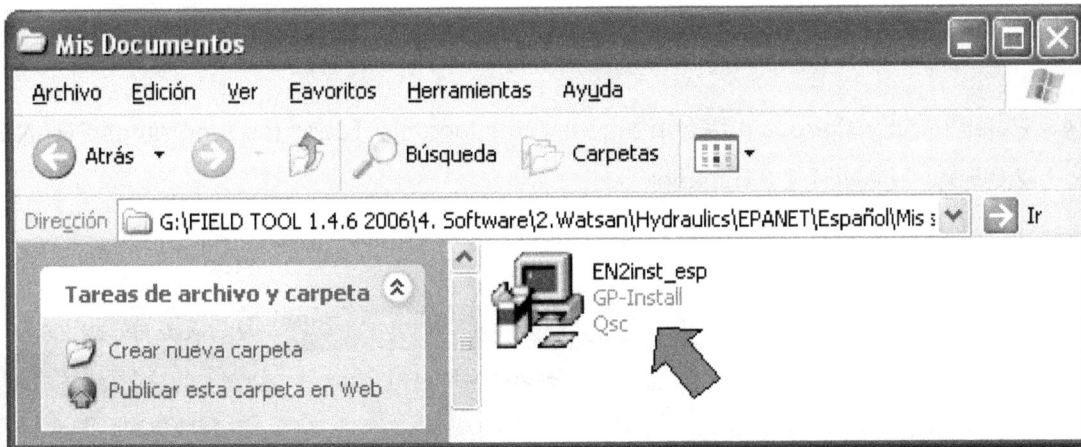

Si lo descargaste de www.epanet.es está comprimido en formato .rar. Puedes descargarte el programa para descomprimirlo gratuitamente aquí:

www.winrar.es

1. Pincha sobre el icono para lanzar la instalación:

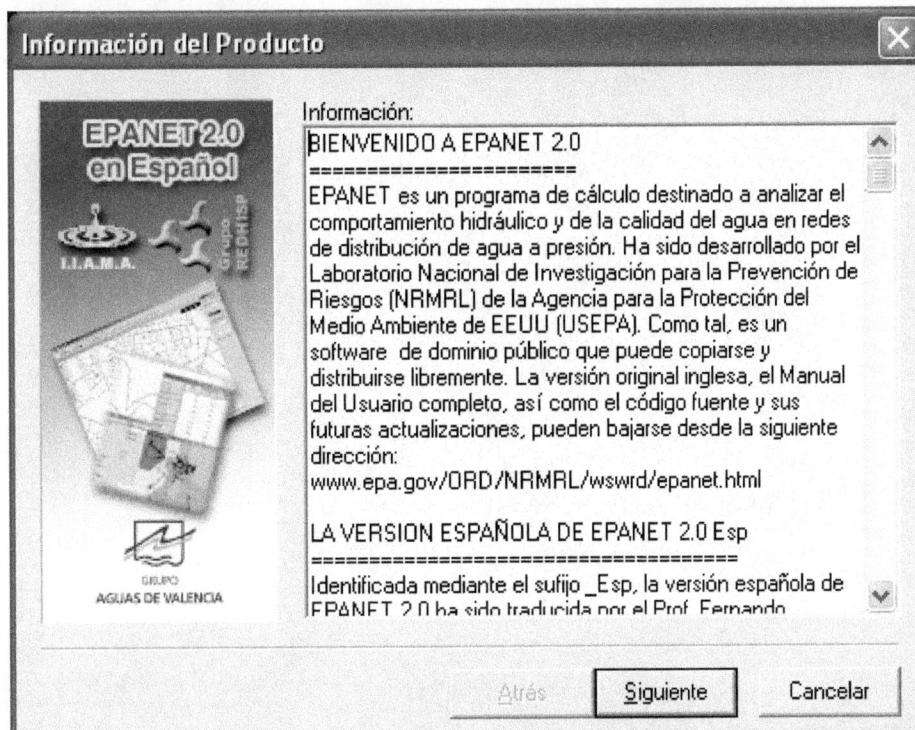

2. Pulsa siguiente en todos los diálogos que siguen. El segundo diálogo te permite seleccionar dónde lo quieres instalar.

3. La instalación termina rápidamente. Si no cambiaste nada tu programa se encuentra en C:\Program Files\Epanet2_Esp\.

4. Pulsa inicio y sigue la ruta que muestra la imagen, > Todos los programas/EPANET 2.0 Esp/ EPANET 2.0 Español

¡Enhorabuena, ya estas preparado para los ejercicios!

Llevando las unidades y dejando los errores

Para trabajar con Epanet tendrás que hacer muchos cálculos muy sencillos a mano. Aunque sean sencillos, muchos de ellos son tan propensos a tener errores y tan traicioneros de pensar como las dobles negaciones o los días que hay entre 2 fechas.

Si tienes la disciplina de llevar las unidades descubrirás muchos de estos errores antes de que afecten a tu estabilidad emocional. Mira, por ejemplo, estos dos cálculos de la misma conversión de unidades:

A. $14 \text{ m}^3/\text{h} = 14 \dfrac{m^3}{h} * \dfrac{m^3}{1000l} * \dfrac{3600s}{1h} = \dfrac{14*3600}{1000} * m^3 * m^3 * \dfrac{1}{h*h} * \dfrac{l}{s}$

$= 50,4 \text{ l*m}^6/\text{ h}^2\text{*s}$

¡¿ l*m^6/ h^2*s?!   Si como yo no conoces esta unidad de caudal, algo fue mal.

B. $14 \text{ m}^3/\text{h} = 14 \dfrac{m^3}{h} * \dfrac{1000l}{m^3} * \dfrac{1h}{3600s} = \dfrac{14*1000}{3600} * \dfrac{m^3}{m^3} * \dfrac{h}{h} * \dfrac{l}{s} = 3,88 \text{ l/s}$

Multiplicar por $\dfrac{1h}{3600s}$ es lo mismo que multiplicar por 1/1, ya que una 1 hora y 3.600 segundos es la misma cosa. Si te resulta más fácil, puedes pensarlo como que "hay 1 hora en cada 3.600 segundos". El resultado es un cambio de unidades.

www.epanet.es

Si has comprado este libro, probablemente ya conoces este portal. Si no lo conocías o no te has tomado tiempo para verlo con detenimiento, tiene varios recursos interesantes para aprender Epanet:

➢ Un foro donde preguntar tus dudas y compartir tus descubrimientos.

➢ Ejemplos de redes con las que enredar y practicar.

➢ El libro *"Epanet y Cooperación. Introducción al cálculo de redes de agua por ordenador",* donde tienes las explicaciones complementarias.

➢ Recursos, descargas y otros.

Epanet y las glaciaciones

Los desarrollos futuros de Epanet fueron detenidos en los tribunales por las empresas de software (que curiosamente usan su base de cálculo) alegando competencia desleal de un organismo público. Aunque se liberan nuevas versiones y se incorporan correcciones y nuevas funcionalidades, no es de esperar ninguna que ponga nerviosos a los fabricantes de software. El resultado es que algunas mejoras muy deseables están congeladas, fundamentalmente en dos direcciones:

> ➢ La integración con otros programas, Autocad, Sistemas de Información Geográfica o incluso Excel o Calc. No te sorprenda si la manera de hacer algunas cosas es primitiva.

> ➢ Algunas funciones están al nivel de hace bastantes años. Por ejemplo, ¡no hay tecla Deshacer!

En este sentido, puedes pensar que Epanet es una especie de fósil viviente, una gran tortuga poco sofisticada en sus maneras pero sorprendentemente eficaz a la hora de resolver los problemas. Esto en Cooperación tiene una gran ventaja, el programa puede correr en ordenadores vetustos, sin necesidad de conexiones a Internet, tarjetas gráficas especiales ni demás complicaciones.

2

Tomando asiento

➤ *Los ordenadores son inútiles. Sólo pueden darte respuestas.*

(Pablo Picasso)

Espacio de trabajo y configuración

La primera vez que abras Epanet te vas a encontrar una pantalla similar a esta:

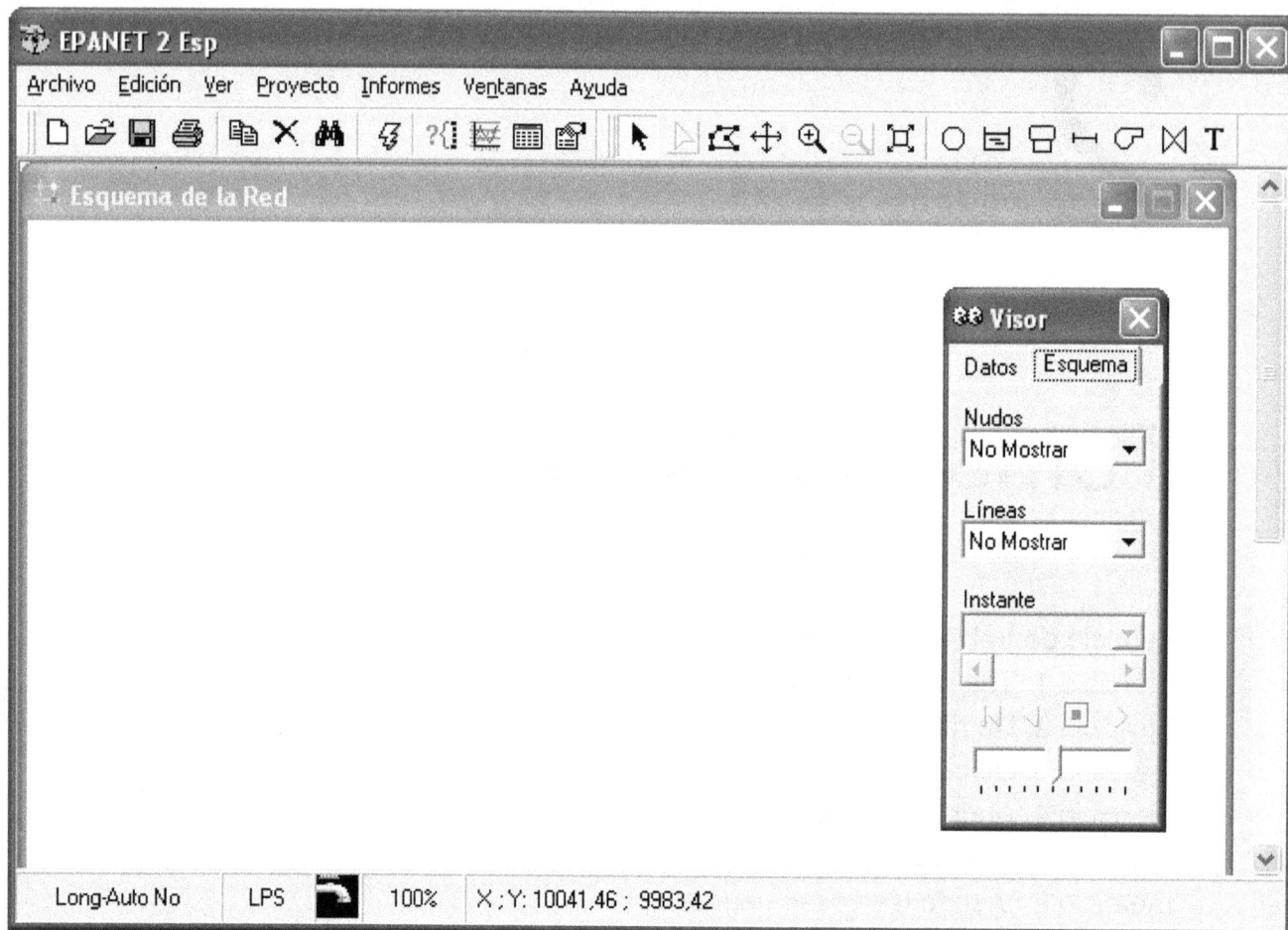

El menú horizontal superior se presta a una familiarización rápida, sin embargo la mayoría de opciones y comandos están en el Visor. El Visor es la puerta de entrada a todos los datos del programa, pero también permite configurar opciones de cálculo y modos de representación de los resultados.

El uso del Visor se irá viendo según vayamos avanzando. Sin embargo, no te olvides de él, es la puerta principal de comunicación con Epanet.

La mayoría de funciones con una oscura tendencia a esconderse están en la pestaña Datos del Visor. ¡Búscalas allí primero!

Antes de empezar debes asegurarte que Epanet usa las unidades adecuadas. Seleccionando LPS, las unidades se establecen:

- Caudal: litros/segundo.
- Presión: metros de columna de agua, siendo 10 metros equivalente a 1 bar.
- Diámetros: milímetros.
- Longitudes: metros.
- Cotas: metros.
- Dimensiones: metros.

Para calcular cómodamente usa la fórmula de Hazen-Williams con coeficientes de fricción entre 100 y 150.

Diámetro comercial vs diámetro interno

En las tuberías metálicas el diámetro con el que se las especifica corresponde con el diámetro interno. Una tubería de 25mm tiene ese diámetro útil, y es este diámetro que se introduce al modelarlas.

En contraste, las tuberías plásticas (PVC y PEAD) se llaman por su diámetro externo. El diámetro interno es el externo menos el grosor correspondiente a la pared. A la hora de modelarlas debes usar este diámetro interno. Para complicar más las cosas, las especificaciones de unos fabricantes a otros varían. Puedes utilizar esta tabla de correspondencia aproximada entre diámetros comerciales (DN) y diámetros internos (DI):

DN	25	32	40	50	63	75	90	110	125	140	160	180	200	250	315	400	450	500
DI PEAD	20	26	35	44	55	66	79	97	110	123	141	159	176	220	277	353	397	462
DI PVC	21	29	36	45	57	68	81	102	115	129	148	159	185	231	291	369	--	462

Muy importante: Por agilidad y para que te familiarices con los tamaños de tubería, este manual usa diámetros comerciales. Recuerda que cuando uses Epanet en un proyecto real, debes introducir el diámetro interior, por ejemplo 20 (no 25).

Ejercicio 1.   Tutorial introductorio

La mejor manera de familiarizarse rápidamente con la localización de los comandos en Epanet es que hagas el tutorial estupendo que viene en la Ayuda.

1. Inicia Epanet según lo visto en el apartado anterior. Y ve a Ayuda /Guía Rápida. Recuerda, esta ruta es equivalente a esto:

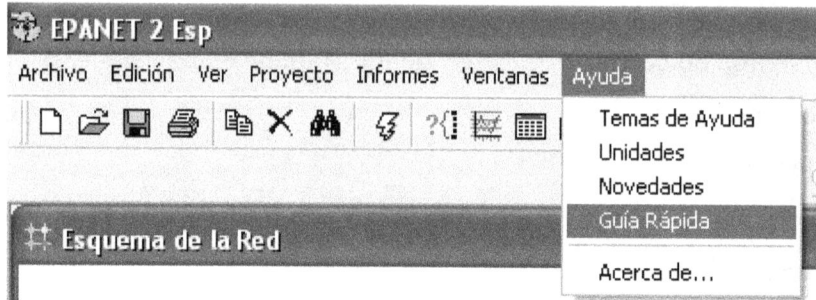

2. Se abrirá el panel de abajo. Sigue sus instrucciones hasta terminar con el ejercicio. Si tienes problemas con la ayuda sigue leyendo.

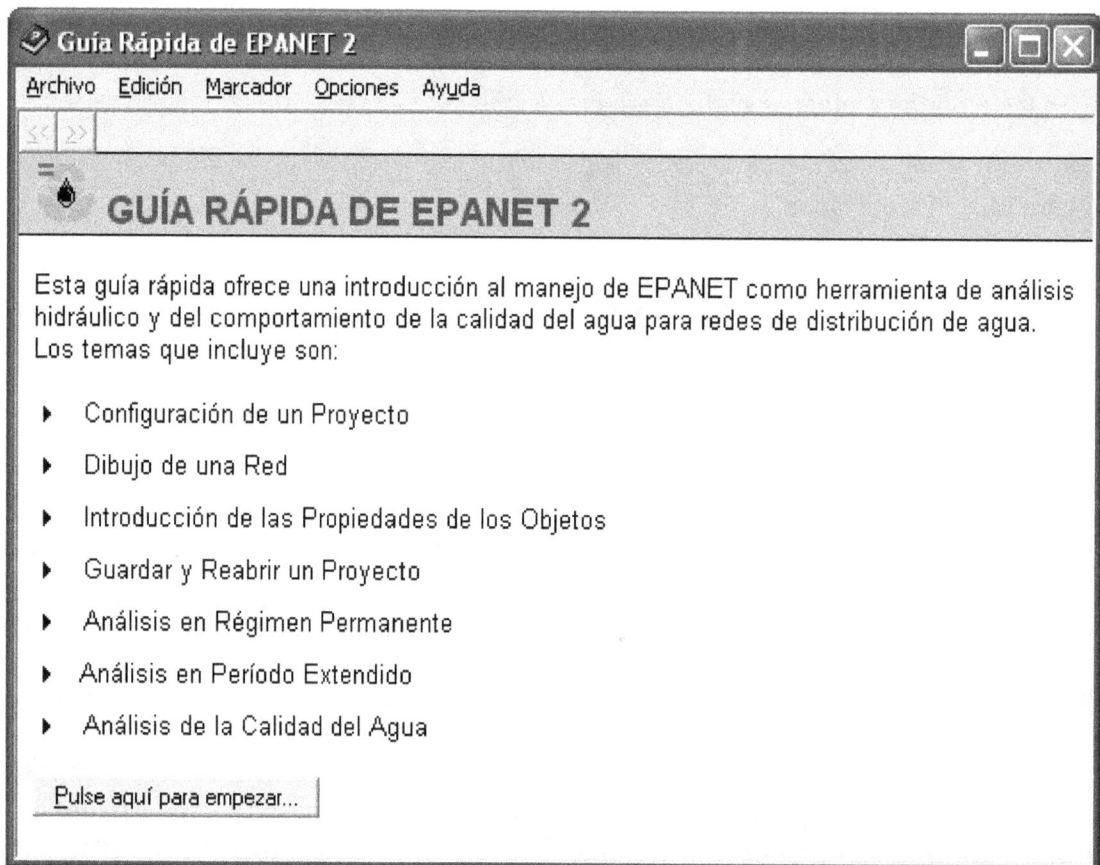

Los archivos de ayuda no son visibles en Windows Vista y posterior porque descartó el programa de ayuda winhlp32.exe. Para ver los archivos puedes buscar una descarga del programa *winhlp32.exe* en la web de Microsoft *o* descargar e instalar (por tu cuenta y riesgo) el siguiente archivo:

www.arnalich.com/dwnl/ayudaVista.zip

Ejercicio 2.   Un ritual imprescindible

Configurar Epanet para utilizar la fórmula de Hazen-Williams y sistema métrico. Este sencillo ritual te conservará la cabellera.

No hay errores más catastróficos y más fáciles de prevenir que pensar que la longitud de las tuberías está en metros cuando Epanet las está tomando como pies, el diámetro en pulgadas cuando son milímetros, etc. Redes calculadas en unas unidades e interpretadas en otras tienen escasas posibilidades de funcionar. Sigue este ritual cada vez que comiences un nuevo proyecto como la lista de chequeo de un piloto antes de despegar.

1. Inicia Epanet.

2. Abre el diálogo de configuración con la ruta > Proyecto /Valores por defecto.

3. En la pestaña Opc. Hidráulicas cambia las Unidades de Caudal a LPS. **Al cambiar a LPS te aseguras que las unidades son metros, milímetros, litros y segundos.**

4. Cambia "Fórmula de Pérdidas", inmediatamente debajo, a H-W. Salvo que tengas necesidades especiales, no necesitas cambiar más opciones aquí.

Valores por Defecto

Opción	Valor por Defecto
Unidades de Caudal	LPS
Fórmula de Pérdidas	H-W
Peso Específico Relat.	1
Viscosidad Relativa	1
Máximo Iteraciones	40
Precisión	0,001
Caso de No Equilibrio	Continuar
Curva Modulac. por Defecto	1
Factor de Demanda	1,0

Identificativos ID | Propiedades | Opc. Hidráulicas

☐ Guardar Valores por Defecto para futuros proyetos

Aceptar   Cancelar   Ayuda

5. En la pestaña Propiedades, comprueba que la rugosidad tiene valores de *ciento y pico* correspondientes a la fórmula de Hazen-Williams. El valor 120, por ejemplo, corresponde a tuberías de hierro.

6. Marca la opción Guardar Valores por Defecto para futuros proyectos y acepta.

Valores por Defecto

Identificativos ID | Propiedades | Opc. Hidráulicas

Propiedad	Valor por Defecto
Cota Nudos	0
Diámetro Depósitos	20
Nivel Máx. Depósitos	4
Longitud Tuberías	100
Longitud Automática	No
Diámetro Tuberías	200
Rugosidad Tuberías	120

☑ Guardar Valores por Defecto para futuros proyetos

Aceptar   Cancelar   Ayuda

Repetir este ritual en cada proyecto nuevo, y de vez en cuando dentro de un proyecto para comprobar que todo esta correcto, te ahorrará muchos dolores de cabeza.

Ejercicio 3.   Dibujando el esquema de una red

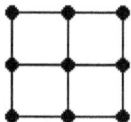

Dibuja esta red cuyas tuberías miden 456 metros de largo, 75mm de diámetro. Los nudos tienen una cota de 23 metros de altura.

1. Inicia Epanet. Si lo tenías abierto ciérralo y vuélvelo a iniciar.

2. Estás empezando un nuevo proyecto. Sigue el ritual descrito en el Ejercicio 2, para configurar adecuadamente tu nuevo proyecto.

3. Dibuja la red al tamaño que desees con las opciones de dibujo:

    Empieza con los nudos, los puntos, y luego únelos con tuberías. Para facilitar el resto del ejercicio, dibuja primero todas las tuberías verticales y luego las horizontales. Tu red debe parecerse a esto:

4. Pincha sobre una tubería horizontal para abrir su diálogo de propiedades. En el cambia la longitud a 456m y el diámetro a 75mm.

Tubería 9	
Propiedad	Valor
*ID Tubería	9
*Nudo Inicial	4
*Nudo Final	9
Descripción	
Etiqueta	
*Longitud	456
*Diámetro	75
*Rugosidad	120
Coef. Pérdidas Menores	0

5. Cambia de esta manera el diámetro de todas las tuberías horizontales.

6. Para las verticales vamos a probar otra forma de cambiar datos. Ve al Visor y en la pestaña de Datos, selecciona Tuberías (> Visor /Datos /Tuberías). Verás que aparece una lista de números. Cada número es el nombre de una tubería.

Como empezaste a dibujar las tuberías horizontales, las tuberías 1 a la 6 serán horizontales y de la 7 a la 12 verticales.

7. Selecciona la tubería 7 pinchando encima. Se abre el mismo diálogo que cuando pinchabas encima del dibujo. Son dos maneras alternativas de hacer aparecer el diálogo de propiedades de la tubería en cuestión.

8. Usando el Visor cambia el diámetro y longitud de las tuberías restantes.

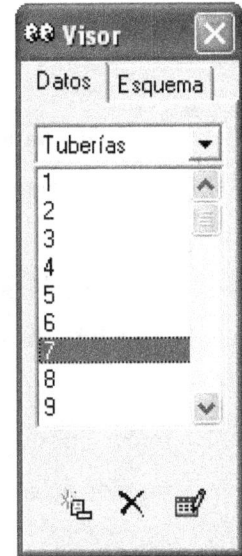

9. Elige el método que quieras para cambiar la cota de los nudos, bien a través del Visor o pinchando sobre el dibujo para abrir el diálogo de propiedades del nudo.

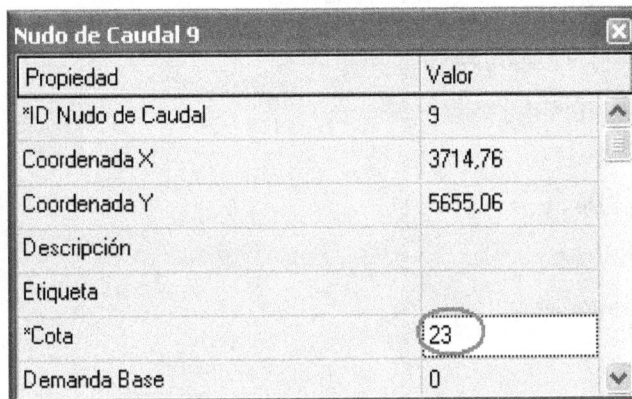

Nudo de Caudal 9	
Propiedad	Valor
*ID Nudo de Caudal	9
Coordenada X	3714,76
Coordenada Y	5655,06
Descripción	
Etiqueta	
*Cota	23
Demanda Base	0

10. Comprueba que no has dejado ningún valor sin introducir o que los valores son correctos. Elige el icono de consultar en la barra horizontal superior: ?{}

11. En el cuadro que se abre construye la frase "Nudos con Cota Igual a 23". Si hubiera algún error, el nudo no aparecerá engrosado en rojo. En el ejemplo, el nudo inferior derecho no tiene cota igual a 23m.

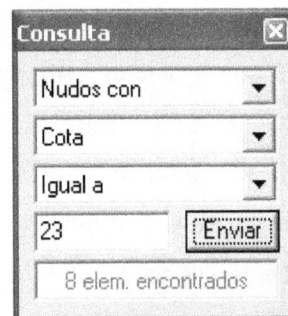

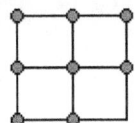

Consulta

Nudos con ▼
Cota ▼
Igual a ▼
23   [Enviar]
8 elem. encontrados

12. Repite el proceso para longitud y diámetro.

Ejercicio 4.   Ahorrando tiempo configurando

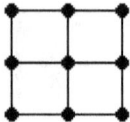

Dibuja esta red cuyas tuberías miden 456 metros de largo y 75mm de diámetro. Los nudos tienen una cota de 23 metros de altura.

Es exactamente el mismo ejercicio que el anterior, pero esta vez vamos a hacerlo de manera mucho más rápida.

1. Inicia Epanet y nuevamente haz el ritual de configuración de nuevo proyecto, pero no cierres el diálogo de Valores por Defecto.

2. En la pestaña de Opciones, introduce los valores 23 para cota, 75 para diámetro y 456 para longitud. A partir de este momento, todo lo que dibujes heredará estas propiedades.

Valores por Defecto

Identificativos ID | Propiedades | Opc. Hidráulicas

Propiedad	Valor por Defecto
Cota Nudos	23
Diámetro Depósitos	20
Nivel Máx. Depósitos	4
Longitud Tuberías	456
Longitud Automática	No
Diámetro Tuberías	75
Rugosidad Tuberías	120

☐ Guardar Valores por Defecto para futuros proyetos

Aceptar   Cancelar   Ayuda

3. Dibuja un nudo. Después, pincha encima para abrir el diálogo de propiedades y comprobarás que efectivamente ha incorporado el valor 23m para la cota.

Para ganar mucho tiempo y evitar errores intenta utilizar intensivamente las propiedades por defecto. Si todas las tuberías son de PVC y nuevas, introduce ya su rugosidad, 140, para evitar tener que modificarlas luego una a una. Si la red tiene elementos que se repiten, como la de este ejercicio, aprovecha e introduce su longitud; si la mayoría de tuberías son de 100 mm de diámetro introduce este diámetro etc. Ten en cuenta que algunas redes de Cooperación pueden llegar a tener miles de nudos y miles de tuberías.

Si eres un mortal medio, también habrás puesto mucho esfuerzo en que todas las líneas fueran perfectamente horizontales o verticales y habrás intentado alinear los nudos.

 Esta es una de las grandes pérdidas de tiempo con Epanet. Epanet interpreta tu dibujo como si fuera un croquis, nunca como un plano de construcción a escala. A efectos prácticos, estos dos croquis representan exactamente la misma red.

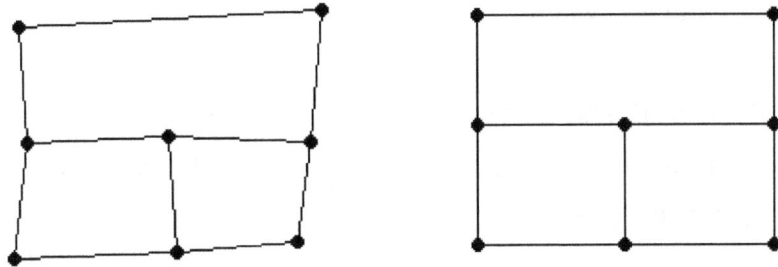

¡Dibuja como si de una servilleta de bar se tratara!

4. Continúa dibujando la red con esta filosofía. Dibuja los 7 nudos restantes sin grandes preocupaciones de que estén alineados. El último nudo dibújalo exageradamente desalineado:

5. Une los puntos con tuberías.

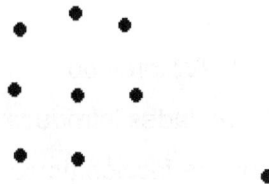

6. Comprueba que a pesar de que las dos tuberías que unen el punto descarriado son claramente más largas que las demás, para Epanet todas miden lo mismo. Usa Consulta.

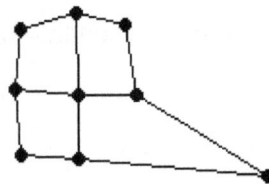

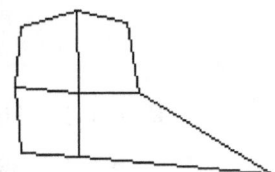

Ejercicio 5. Una de diámetros inconsolables

Averigua qué diámetro de tubería necesitarías para que este sistema tan sencillo suministrara agua con 1 bar de presión (10 metros de columna de agua). El embalse está a 20 metros de altura, la tubería tiene un diámetro de 75mm y 100 metros de largo y la cota del nudo es 0m. La demanda en este punto es 0,2 l/s el equivalente a un grifo normal.

1. Inicia Epanet y haz nuevamente el ritual de configuración de nuevo proyecto, pero no cierres el diálogo de Valores por Defecto porque vamos a introducir un error a propósito.

Presta atención a este ejercicio. Utilizar coeficientes de fricción de una fórmula con otra, es un error muy frecuente y muy difícil de encontrar para los que empiezan con Epanet. No es peligroso, porque los resultados que salen son absurdos. Lo verás muy pronto.

2. En > Proyecto /Valores por defecto /Propiedades introduce un coeficiente de fricción típico de tuberías de plástico para la fórmula de Darcy-Weisbach, 0,0015.

Valores por Defecto

Identificativos ID | Propiedades | Opc. Hidráulicas

Propiedad	Valor por Defecto
Cota Nudos	0
Diámetro Depósitos	20
Nivel Máx. Depósitos	4
Longitud Tuberías	100
Longitud Automática	No
Diámetro Tuberías	200
Rugosidad Tuberías	0,0015

☐ Guardar Valores por Defecto para futuros proyetos

Aceptar   Cancelar   Ayuda

3. En Opc Hidráulicas, comprueba que has seleccionado la fórmula de Hazen-Williams, H-W.

Unidades de Caudal	LPS
Fórmula de Pérdidas	H-W
Peso Específico Relat	1

4. Dibuja el croquis de la red e introduce los valores del enunciado dentro de los objetos. La demanda, 0,2 l/s se introduce en la propiedad llamada Demanda Base. Recuerda que para activar el diálogo de propiedades de un objeto puedes pinchar encima o buscarlo en el Visor.

Nudo de Caudal 2	
Propiedad	Valor
Coordenada Y	6882,26
Descripción	
Etiqueta	
*Cota	0
Demanda Base	0,2
Curva Modul. Demanda	

La cota del embalse se introduce en el parámetro Altura total.

Para una explicación detallada de cada propiedad, puedes ir al Capítulo 3 del libro de Epanet y Cooperación donde se explican las más comunes en Cooperación o al Manual de Usuario de Epanet, epígrafe 6,4, para una descripción de todos ellas.

5. Calcula la red presionando el rayo en la barra horizontal:

6. Pulsa aceptar en el diálogo que aparece, y no te dejes intimidar por su contenido. En poco tiempo te preguntarás porque Epanet te hace aceptar ese cuadro cada una de las tropecientas veces que intentas optimizar una red.

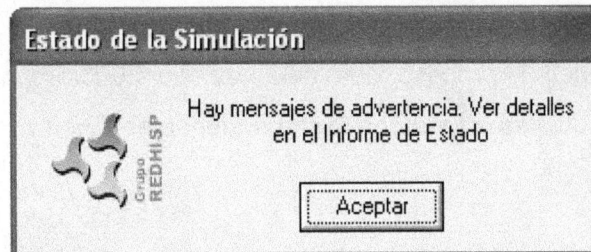

Estado de la Simulación

Hay mensajes de advertencia. Ver detalles en el Informe de Estado

Aceptar

7. El mensaje de advertencia que aparece, en la página siguiente, te indica que hay "Presiones negativas a las 0:00 horas". Esto es lo mismo que decir que no le está llegando agua al punto de consumo.

Párate a pensar un momento. En tu moderada experiencia, ¿crees que una tubería de tan sólo 100 metros con el diámetro aproximado de un rollo de papel higiénico no es capaz de alimentar un sólo grifo desde una altura de 20 metros?
Ya te puedes ir percatando de que algo va mal.

```
▤ Informe de Estado                                              _ ◻ ✕

    Página 1                  Domingo 04 Noviembre 2007 a las 08:12:50
    ********************************************************************
    *                        E P A N E T                             *
    *              Análisis Hidráulico y de Calidad                  *
    *             para Redes de Distribución de Agua                 *
    *                        Version 2.0                             *
    *                                                                *
    * Trad.español: Grupo REDHISP,UPV    Financ: G. Aguas de Valencia *
    ********************************************************************

    Día y hora de comienzo del análisis: Domingo 04 Noviembre 2007 a las 08:12:50
    AVISO:  Presiones negativas a las 0:00:00 hrs.

    Día y hora de finalización del análisis: Domingo 04 Noviembre 2007 a las 08:12:50
```

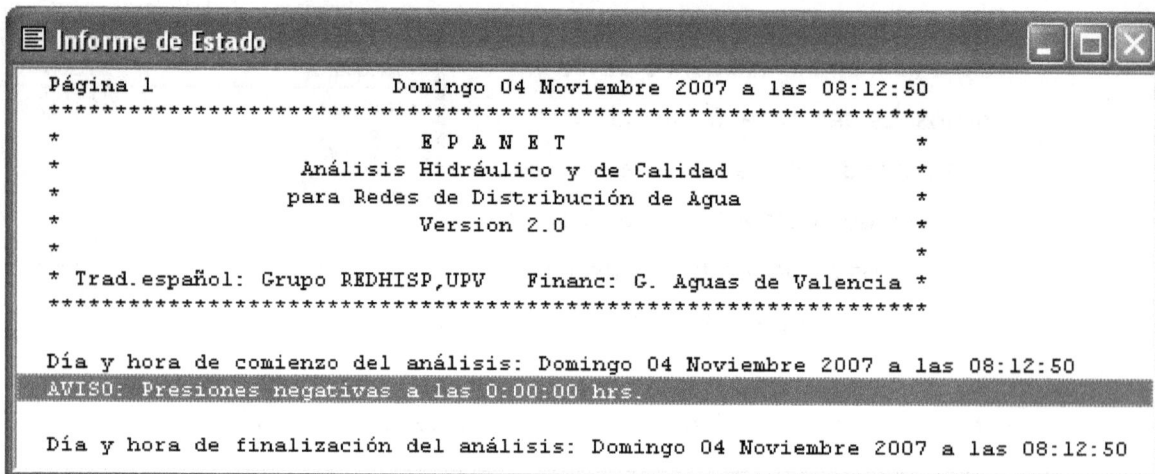

8. Aumenta el diámetro de la tubería a 200mm y vuélvelo a calcular. Volverás a tener mensajes de error y el esquema será similar a este. Si no vieras la leyenda de presión, consulta el paso 8 del Ejercicio 9 para ver como visualizarla.

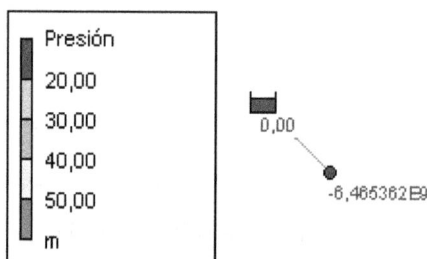

9. Vuelve a repetir el proceso, pero esta vez con 1.000mm, nada menos que 1m de diámetro. Volverás a tener los mismos mensajes de error. ¡El agua no llega a tu grifo!

10. Sigue aumentando el diámetro de la tubería. Hacia el metro y cuarto de diámetro, se empiezan a obtener presiones cercanas a los 10 metros:

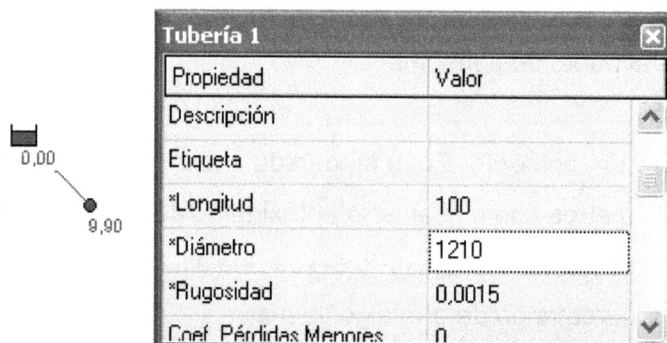

Introduciendo coeficientes de fricción (Rugosidad) correspondientes a otra fórmula obtenemos resultados exagerados. Si como recomiendo usas siempre la fórmula de Hazen-Williams, **asegúrate que los coeficientes son del orden de la centena**.

La versión española tiene una obscura tendencia a cambiarse automáticamente a coeficientes de Darcy-Weisbach, por ser los más utilizados en Europa. Cuando en una red se mezclan coeficientes correctos con erróneos, no es tan fácil darse cuenta que algo va mal y existe el peligro real de dar por correcta una red con graves fallos. Para evitarlo, cada vez que instales Epanet y lo abras por primera vez, haz > Proyecto /Valores por Defecto /Propiedades y asegúrate que el valor del coeficiente por defecto es correcto. Señala la opción Guardar valores por Defecto para futuros proyectos:

Valores por Defecto

Propiedad	Valor por Defecto
Cota Nudos	0
Diámetro Depósitos	20
Nivel Máx. Depósitos	4
Longitud Tuberías	100
Longitud Automática	No
Diámetro Tuberías	200
Rugosidad Tuberías	120

Identificativos ID | Propiedades | Opc. Hidráulicas

☑ Guardar Valores por Defecto para futuros proyetos

Aceptar   Cancelar   Ayuda

Antes de dar por bueno un diseño, haz la siguiente comprobación: "Líneas con Rugosidad menor que 100" en el diálogo Consultar para localizar tuberías con coeficiente erróneo. El resultado de una búsqueda así se muestra a continuación:

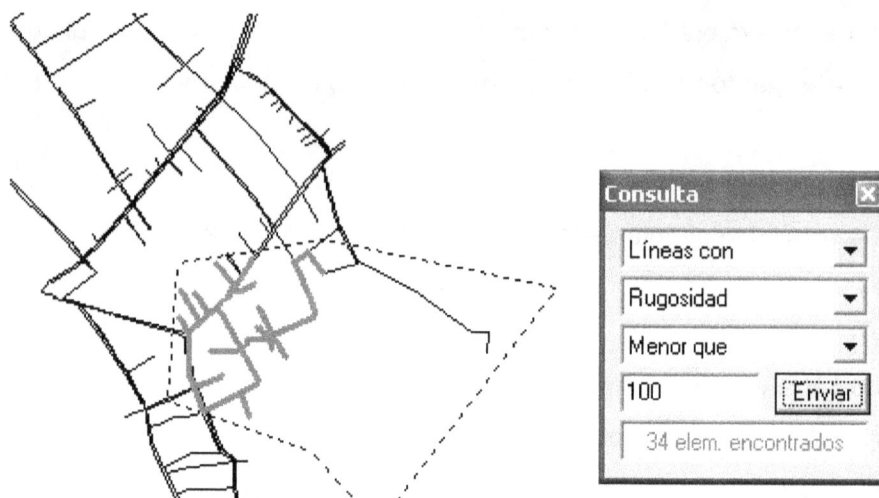

La zona recuadrada se ha dibujado con los coeficientes de fricción correspondientes a otra fórmula por error.

Ejercicio 6.   Viendo las cosas negras

Cambiar las opciones de dibujo de la pantalla para trabajar sobre un fondo negro.

Antes de seguir haciendo ejemplos, es buen momento para tomar una costumbre que te conservará la vista y te evitará algún que otro dolor de cabeza. Quizás puedes añadirlo al ritual de inicio.

1. Pincha con el botón derecho en cualquier punto de la ventana Esquema de la Red. Selecciona Opciones del Esquema.

2. En el menú que se despliega, selecciona Fondo y elige el color negro:

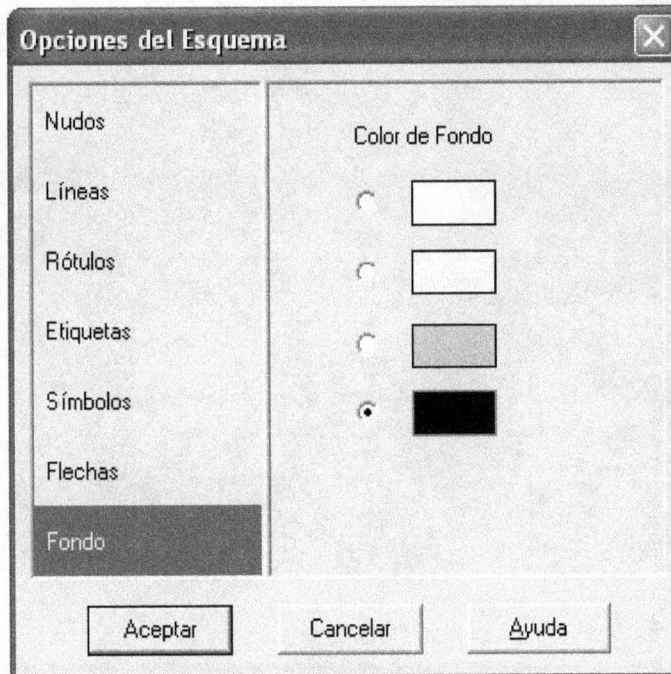

La pantalla se vuelve negra, evitándote muchas radiaciones.

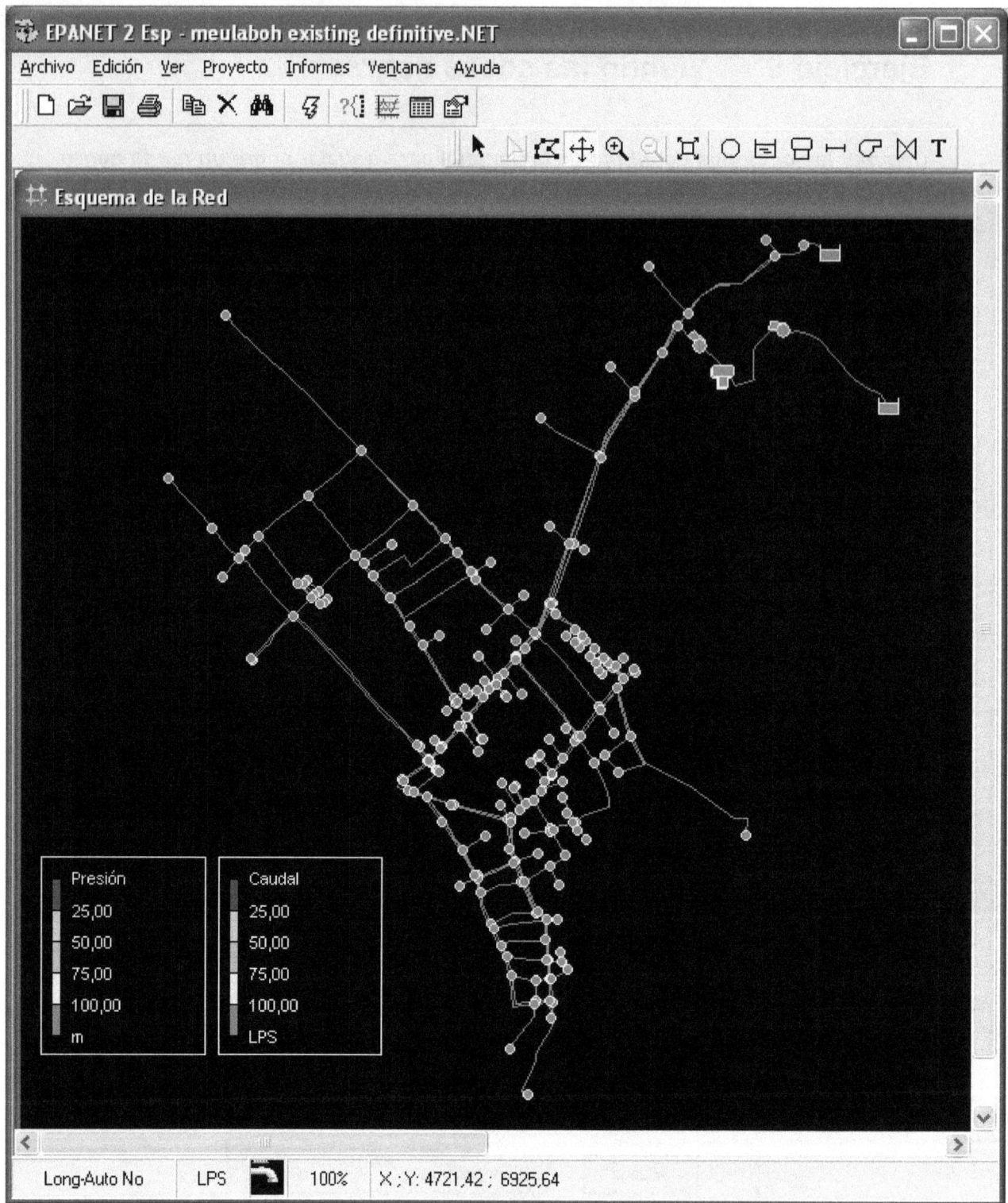

En este manual, por cuestiones de impresión, se seguirá mostrando el fondo blanco.

3. Prueba a cambiar el resto de opciones del cuadro hasta encontrar la combinación adecuada para ti. Si tienes problemas de vista o mala puntería pinchando igual es ésta es la que te interesa:

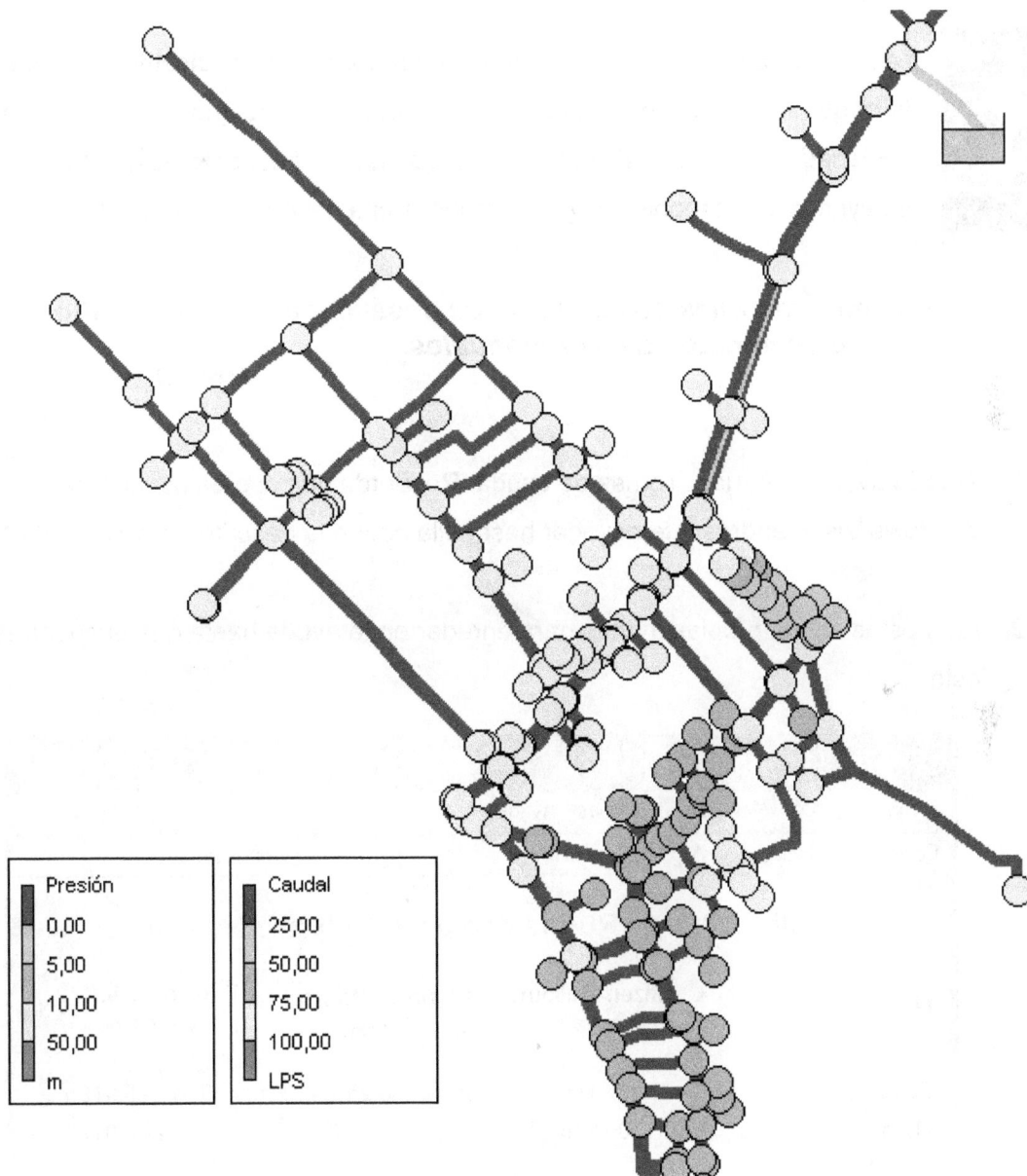

Ejercicio 7.   Recordando con ayuda

Averigua los coeficientes de fricción (Rugosidad) de las distintas tuberías para las distintas fórmulas utilizando la Ayuda de Epanet.

Si alguna ayuda es francamente útil, esa es la de Epanet.

Ya hemos visto que Epanet se aprende y reaprende periódicamente, y que es difícil que el contexto de la Cooperación alguien se dedique a tiempo completo a Epanet, e irás olvidándolo. Sin embargo, lo más frecuente es que tratemos las ayudas con esnobismo. ¿Recuerdas la cita del primer capítulo?:

> ➤ *A menudo unas pocas horas de ensayo y error pueden ahorrarte algunos minutos de leer manuales.*
>
> *(Anónimo)*

1. Abre la ayuda > Ayuda /Temas de ayuda. Recuerda que si eres usuario de Windows Vista tendrás que navegar hasta ella según lo descrito en el Capítulo 1.

2. Aquí estás en tus propias manos para enredar en la ayuda hasta que encuentres esto:

Ayuda en Línea de EPANET 2.0

Archivo   Edición   Marcador   Opciones   Ayuda

Contenido | Índice | Atrás | Imprimir | << | >> | Acerca de

Coeficientes de Rugosidad para Tuberías Nuevas

Material	C - Hazen-Williams (universal)	ε - Darcy-Weisbach (mm)	n - Manning (universal)
Fundición	130 - 140	0,25	0,012 - 0,015
Hormigón o revest. de hormigón	120 - 140	0,3 - 3,0	0,012 - 0,017
Hierro Galvanizado	120	0,15	0,015 - 0,017
Plástico	140 - 150	0,0015	0,011 - 0,015
Acero	140 - 150	0,03	0,015 - 0,017
Cerámica	110	0,3	0,013 - 0,015

Ejercicio 8.   Perdiendo el miedo

El pequeño pueblo de Massawa hace tiempo que necesitaba un sistema de abastecimiento de agua. Tradicionalmente el agua se transportaba en burro desde un arroyo a 6km, pero se ha descubierto accidentalmente un manantial en la colina a 36m de altura y hay cierta euforia en el pueblo. El caudal se estima en 3 l/s. Se planea abastecer 6 fuentes públicas, todas ellas a 17m de cota, menos la 6 (22m) y la 1 (25m) según este plano.

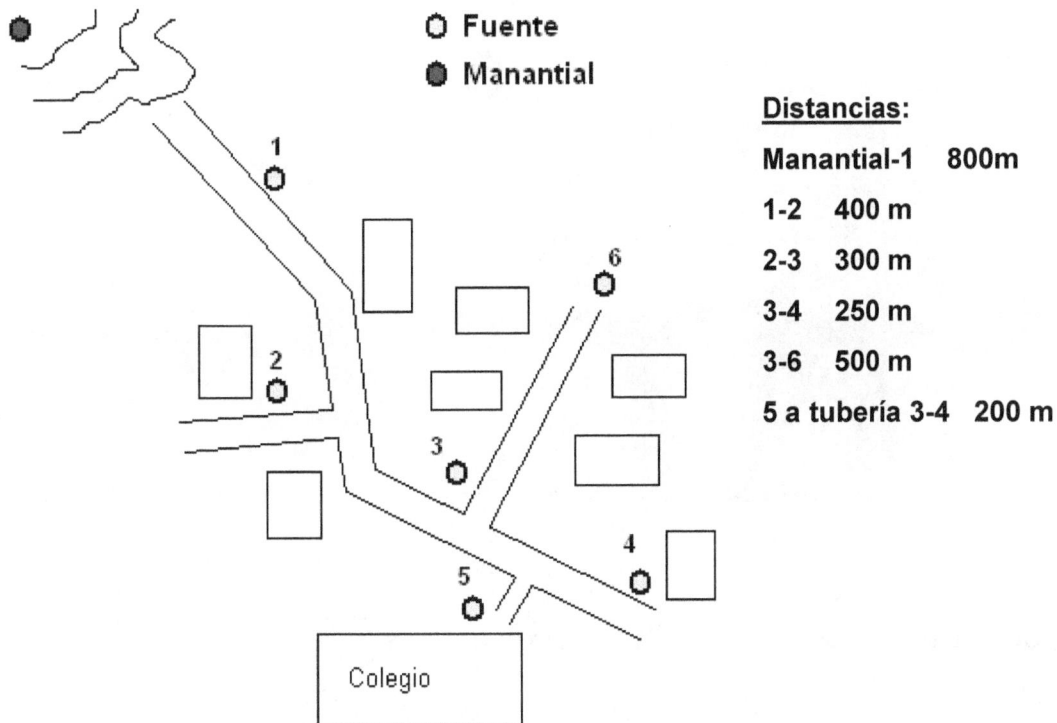

○ Fuente
● Manantial

Distancias:

Manantial-1   800m

1-2   400 m

2-3   300 m

3-4   250 m

3-6   500 m

5 a tubería 3-4   200 m

Colegio

Encuentra el sistema de diámetros menores en PVC que será capaz de alimentar 0,2 l/s a cada fuente y 1,0 l/s al colegio manteniendo una presión mínima de 10 metros en todos los puntos.

1. Configura los Valores por Defecto de la manera que creas te va a ahorrar más trabajo.

2. Dibuja los nudos de la red. El nudo 5 va conectado a algún punto intermedio de la tubería que discurrirá entre 3 y 4.

3. Para poder representar esto, deberás dibujar un nudo sin demanda que en la realidad se correspondería con una "T". En la imagen de abajo se muestra esta T desenterrada y el nudo extra en el esquema de Epanet.

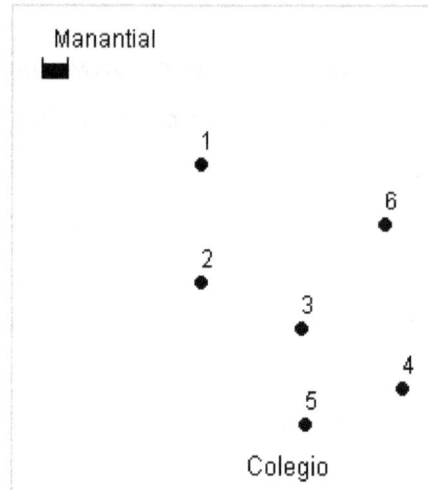

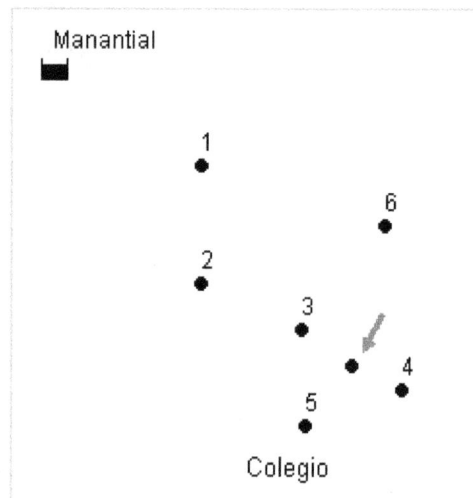

4. Une los nudos con tuberías de la manera que pienses más lógica y que menos material utilizará. Aquí parece lógico seguir la carretera principal. La longitud del tramo 3-4 debes dividirla en dos, aproximadamente en las proporciones del esquema o la realidad. A la tubería a la izquierda, por ejemplo, podemos asignarle 150m y a la de la derecha 100m, cuya suma corresponde a los 250m totales.

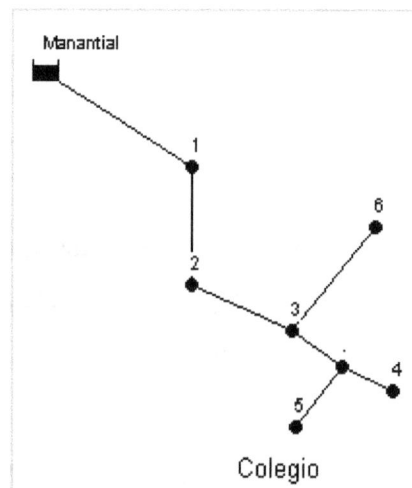

El esquema de Epanet te lo permitirá todo. En la realidad, si tu diseño no respeta zonas privadas, edificios militares, cementerios, etc., no tendrá gran éxito más allá de la pantalla de tu ordenador. En la mayor parte de los casos, hablar ayuda a evitar fricciones graves y hace que las personas saquen su mejor disposición a colaborar, como en este cementerio de Mujahidines en Afganistán.

Otros obstáculos son de lo más insospechados, como estos restos militares en la calzada. Por riesgo de artefactos explosivos, este es el último lugar por donde pasar una tubería.

5. Introduce los datos de cotas, longitudes, demandas y fricciones donde no haya valores predeterminados (del ejercicio anterior habrás deducido que será un valor entre 140 y 150).

6. Calcula la red pulsando el rayo ⚡. Lo más probable es que te salga un cartel de Simulación válida, que significa que las tuberías son suficientemente grandes. Pero ojo, ¡suficientemente grandes puede ser cualquier diámetro entre el menor que funciona y el del Sistema Solar!

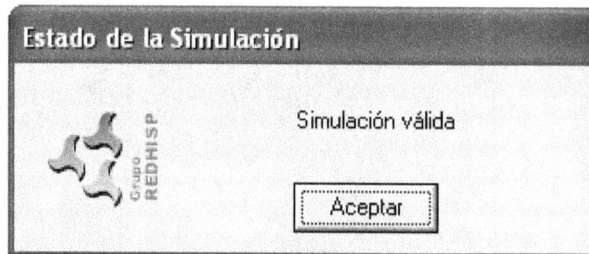

7. Cambia la escala de la leyenda para visualizar cómodamente los resultados. Para desplegar el diálogo que te permite hacerlo, pincha sobre ella con el botón derecho. Pinchar dos veces sobre el izquierdo, como estamos acostumbrados, hará que la leyenda desaparezca. Para volverla a visualizar > Ver /Leyendas /Nudos.

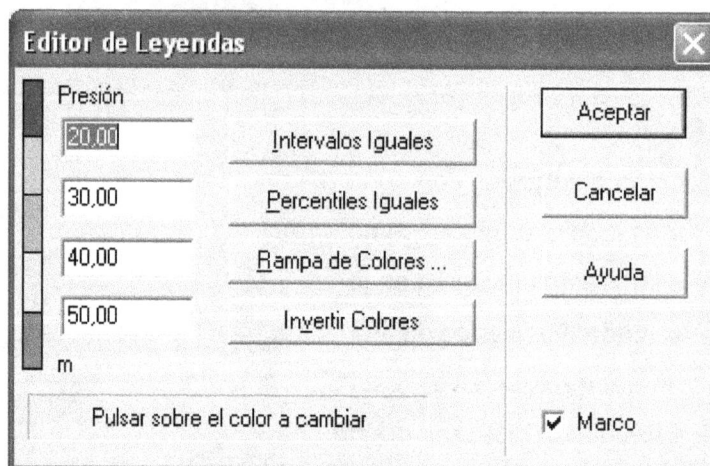

Epanet viene con la escala predeterminada. Aunque no es la más útil, la buena noticia cómo sabes es que se deja cambiar. Imagina por un momento que en tu sistema consideras correctas presiones entre 1 y 3 bares (10 y 30m). En ese caso, probablemente la mejor modificación es dejar el azul oscuro para los puntos con presión negativa, a continuación otra franja de puntos con baja presión, de 0 a 10 metros, y el margen de diseño en otro color, 10-30m.

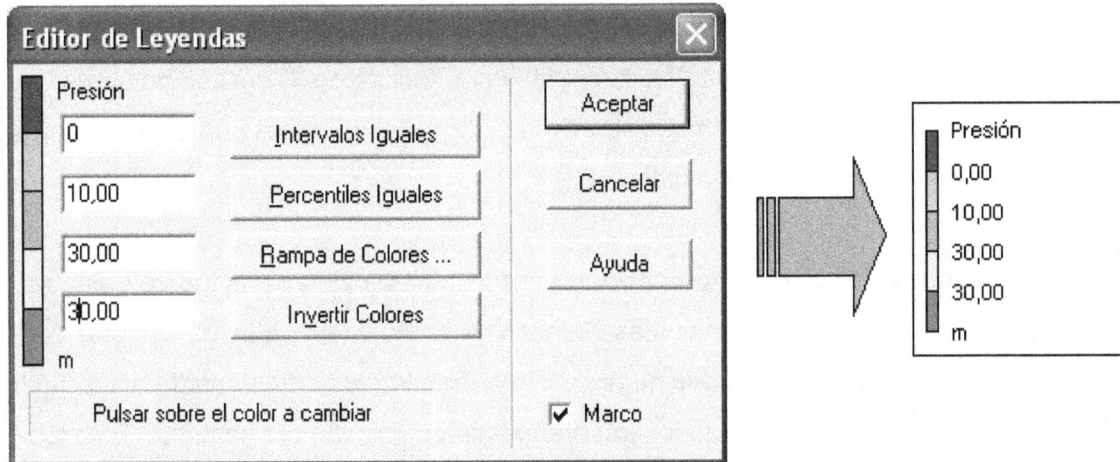

En esta leyenda se ha ignorado la escala adicional amarilla.

Cuando hayas cambiado la leyenda el diagrama de la pantalla se actualiza:

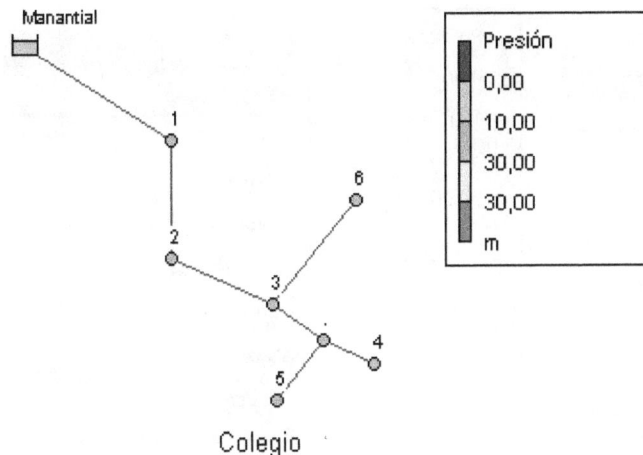

Este sistema devuelve todos los valores de presión correctos. ¡Pero ten cuidado! El trabajo no está terminado, hace falta entrar en un trabajo de optimización. Comprueba que si cambias la tubería del Manantial a la fuente 1 por una de 1km de diámetro (1.000.000mm), el sistema sigue saliendo correcto a pesar de que es un despropósito. ¿Imaginas cuanto costaría una tubería de 1km de diámetro? ¿Sería acaso construible?

No olvides que el cartel "Simulación válida" es sólo una invitación a optimizar el sistema y no un visto bueno por parte de Epanet de tu sistema.

8. Debes por tanto ir disminuyendo los diámetros de tuberías hasta el mínimo que mantenga la presión en todos los puntos por encima de 10m. Los primeros cambios, a modo de ejemplo, se describen en los siguientes puntos, pero antes, un aviso importante sobre la filosofía.

Lo más lógico es empezar por las zonas más próximas a la fuente de agua. Si empiezas por las zonas más alejadas, te darás cuenta que los cambios de diámetro de tubería que hagas posteriormente cerca de la fuente alterarán todos aquellos que tan cuidadosamente habías optimizado previamente. Esto te llevará a una espiral de cambios interminables.

9. Cambia el diámetro de la tubería del Manantial a la Fuente 1 por 75mm y pulsa calcular. La Fuente 1, con 8,26m[1] de presión no llega al mínimo de diseño, 10m.

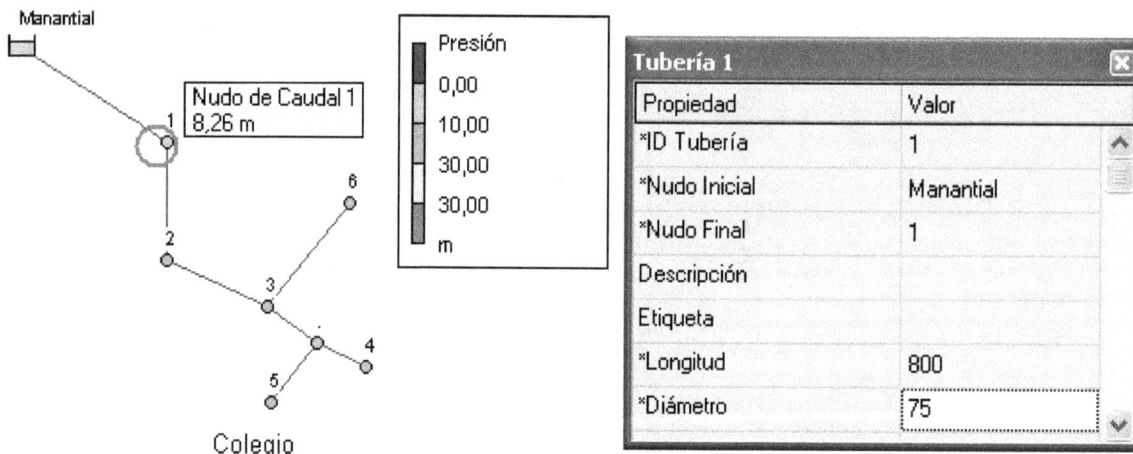

10. Cambia el diámetro a 100mm. Con 10,33 metros de presión, se puede dar por correcto.

---

[1] No te preocupes si los valores que tú obtienes no son exactamente los mismos. Pequeñas variaciones en la introducción de datos pueden causar pequeñas diferencias, que apenas cambian las cosas.

Fíjate que no hemos usado diámetros tipo 92,319mm, que dejaría la presión en el punto 1 en exactamente 10m. No pierdas el tiempo intentando ajustes como éste y utiliza sólo diámetros internos de aquellas tuberías que están disponibles comercialmente: 25, 40, 63, 75, 100, 125, 150, 200, 250, 300…

Aunque no es el propósito de este manual, recuerda que cuando pidas las tuberías, el diámetro que obtuviste en Epanet es el diámetro interno. Es decir que para un diámetro interno de 79mm en una tubería de PEAD, deberías pedir 90mm, donde los 11mm de diferencia corresponden al grosor de las paredes. Estos datos están en las tablas de los fabricantes y al principio del capítulo.

11. Si la tubería que sale del manantial se ha elegido de 100mm, es más que probable que todas las otras tuberías sean de 100mm o menores, en caso contrario, estaríamos creando un cuello de botella a la salida de la fuente y esto sólo se hace en casos muy especiales.

12. Edita todas las tuberías a la vez para cambiarles el diámetro a 100mm. La manera más rápida de hacer esto es editando en grupo, > Edición /Seleccionar todo. Después > Edición /Editar Grupo despliega un diálogo. Rellénalo así:

Pulsa Aceptar para producir los cambios en las tuberías.

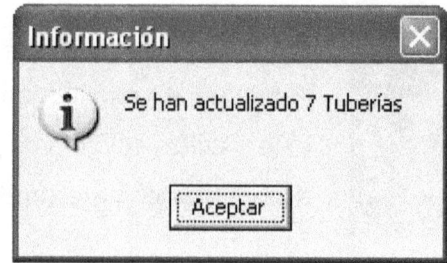

Información

i Se han actualizado 7 Tuberías

Aceptar

13. Sigue disminuyendo el tamaño de las tuberías hasta que obtengas el sistema optimizado. No hay una solución única, hay varias soluciones posibles.

Recuerda pulsar calcular tras una sesión de cambios para que Epanet tenga las modificaciones en cuenta. Si no pulsas calcular, ¡Epanet y tú podéis acabar trabajando sobre redes distintas!

Esta, puede ser una de las soluciones:

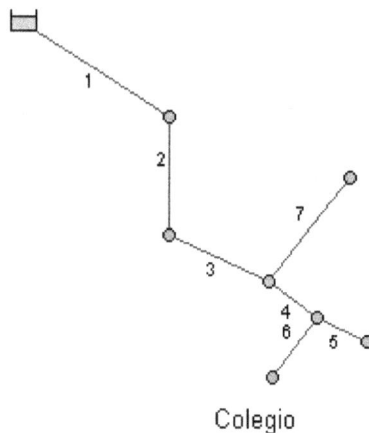

ID Línea	Longitud m	Diámetro mm
Tubería 1	800	100
Tubería 2	400	75
Tubería 3	300	75
Tubería 4	150	50
Tubería 5	100	18
Tubería 6	200	50
Tubería 7	500	50

Colegio

Por simplicidad, hemos supuesto que el mejor diseño es el que tiene las tuberías de menor diámetro y por lo tanto cuesta menos. Sin embargo, hay muchas otras consideraciones que tener en cuenta, por ejemplo: ¿Existe el peligro de que se atasquen? ¿Permitirá ampliaciones futuras?. Revisa el Capítulo 7 de libro Epanet y Cooperación para ver algunos criterios.

3

Dibujando la red

➢ *Si no puedo dibujarlo, es que no lo entiendo.*

(Albert Einstein)

Cartografía y esquemas de red

La manera más rápida y eficaz de indicarle a Epanet la disposición de la futura red es dibujarla. Para ello necesitas utilizar la barra de dibujo que conoces del tutorial:

$$○ \boxminus \square \vdash \square \bowtie \text{T}$$

Los objetos

Cada icono representa un objeto futuro en la red con propiedades claramente definidas que es importante que conozcas.

Puedes consultarlas en la sección 3.1 del Manual de Usuario de Epanet o la sección "Los objetos en Epanet" en el Capítulo 2 del Libro de Epanet y Cooperación.

La mayor confusión se da entre el embalse y depósito:

El **depósito** es lo que te imaginas que es, un lugar de almacenamiento limitado.

El **embalse** es una fuente de agua tan grande en comparación con la red, que se considera que el consumo no afecta a su volumen. Puede ser un embalse, pero también un río, un lago, un acuífero… Puede actuar como fuente de agua o sumidero. Intenta colocar siempre uno en las redes, te facilitará mucho el trabajo.

Dos maneras de dibujar

Si tienes un mapa, fotografía aérea, plano o similares a escala de la zona donde irá la red, lo más cómodo es usarlo de fondo en Epanet y pintar la red encima. Al especificarle las dimensiones de la imagen de fondo, Epanet calculará la longitud de todas las tuberías que dibujes. Este modo se llama **Longitud automática ON**, y es el más cómodo y preciso.

Si no tienes un mapa de la zona donde irá la red y sólo dispones de un estudio topográfico, tendrás que dibujar un croquis sin escala en modo **Longitud Automática OFF** y especificar las longitudes de cada una de ellas.

Restando coordenadas

Una de las maneras más rápidas de determinar el área dentro de un mapa es restar las coordenadas de dos esquinas. Esto es especialmente útil para mapas hechos con GPS o para determinar la escala de mapas existentes cuando esta es dudosa. Usa coordenadas UTM para que sea cómodo. Fíjate en estos dos ejemplos de coordenadas UTM:

32S **713**000 8033400   y   32S **714**000 8033400

El primer grupo, 32S, lo puedes ignorar. El segundo grupo es la coordenada horizontal medida en metros desde un punto, y la segunda es la vertical. Para saber la distancia entre el punto [7]13 y el [7]14, puedes restar argumentando de la siguiente manera: El punto [7]13 esta a 713.000 metros del punto de referencia (que no nos interesa) y el [7]14 esta a 714.000 metros. Luego la distancia horizontal entre ellos es 714.000-713.000 = 1000 m.

Tienes más explicaciones y un ejemplo en la sección "Añadiendo cartografía" del Capítulo 3 del Libro Epanet y Cooperación.

Estudios topográficos

Aunque tengas un mapa estupendo, necesitarás hacer un levantamiento topográfico de las zonas por donde transcurrirá la tubería para saber qué zonas acumularan aire, cúales sedimentos y para establecer la altura con precisión. En los ejercicios aprenderás a interpretarlos. La manera de construirlos es muy sencilla. Se coloca una mira en horizontal entre dos reglas calibradas. Al mirar a través de ella, el plano de visión horizontal cortará cada regla a una altura determinada. La resta entre esos puntos en la regla, será la diferencia de altura del terreno. Midiendo con una cinta métrica la distancia, podemos averiguar la pendiente.

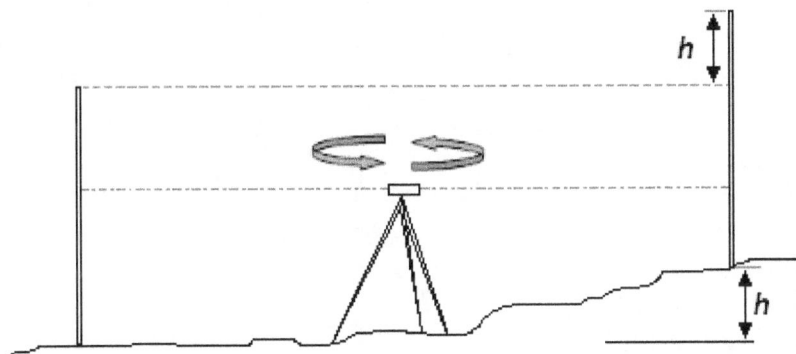

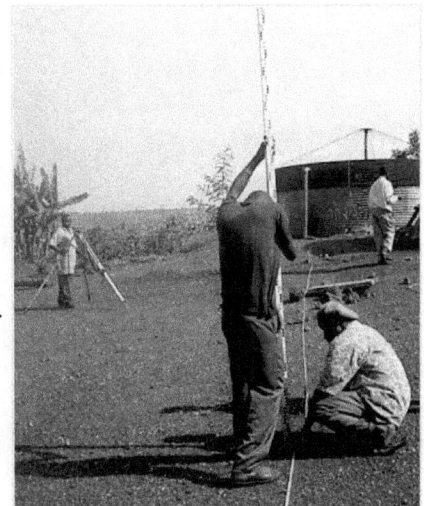

Editando imágenes

En este capítulo necesitarás modificar imágenes. Si no tienes problemas con ello, usa el programa de edición de imágenes que prefieras.

En caso contrario, descarga gratuitamente el programa Paint.net en castellano. Lo utilizaremos para seguir las instrucciones sobre cómo modificar las imágenes:

www.getpaint.net/download.html

Ejercicio 9.   Un estudio topográfico lineal

Diseñar el siguiente sistema por gravedad en hierro galvanizado sabiendo que en el punto E se consumen 5 l/s y que A es una fuente comparativamente infinita de agua.

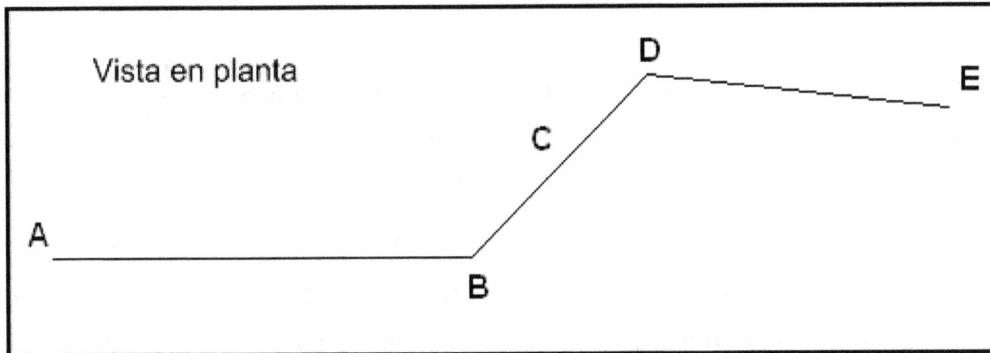

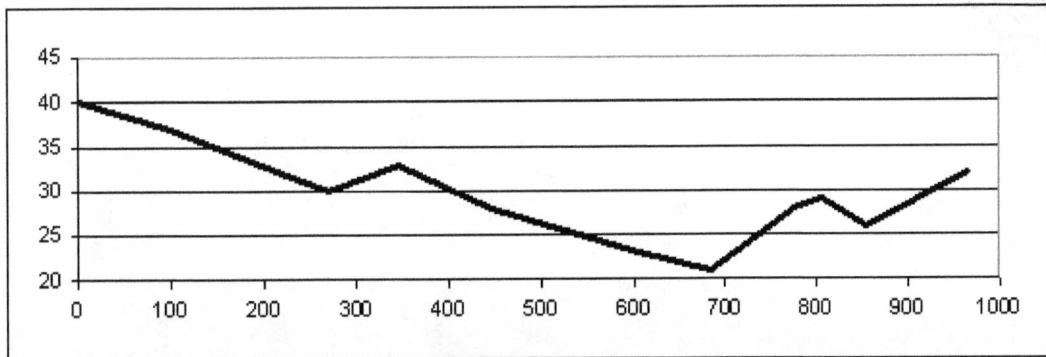

H.	40	37	32	30	33	28	23	21	28	29	26	32
Long	0	100	120	50	75	100	160	80	90	30	50	110
L. Acum.	0	100	220	270	345	445	605	685	775	805	855	965
	A					B			C	D		E

1. Abre Epanet y sigue el ritual de las configuraciones.

2. Antes de empezar a dibujar, debes comprender bien que es cada cosa en el levantamiento topográfico. La vista en planta, primera imagen, nos ayuda a situarnos, pero en Epanet no sirve para gran cosa. Como estas dibujando un croquis de la red, cualquiera de estos a la derecha sería correcto:

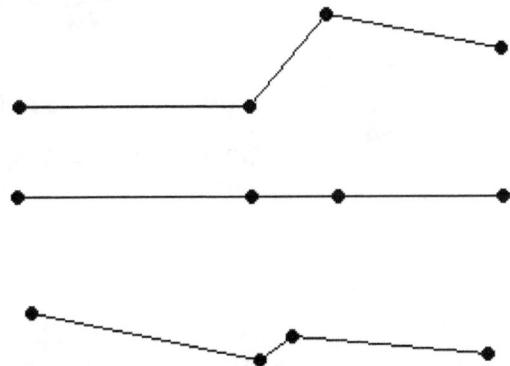

Aunque sea un croquis, procura que se parezca medianamente a la realidad para que tú y otras personas que vayan a usar el modelo podáis localizaros fácilmente en él. Recuerda ser claro y ordenado a la hora de hacer los archivos. Como no vas a pasar los 30 años de periodo de diseño en el mismo puesto de trabajo, tu archivo lo heredarán otras personas.

3. Además de los puntos de distribución, localiza otros puntos que serán claves en la etapa de diseño, por ejemplo, puntos elevados intermedios.

Coloca siempre un nudo en los puntos máximos intermedios. Epanet se sirve de la abstracción de que hay presiones negativas. En realidad, cuando en un lugar hay presión negativa la tubería esta llena de aire y todos los puntos aguas abajo se quedan sin suministro.

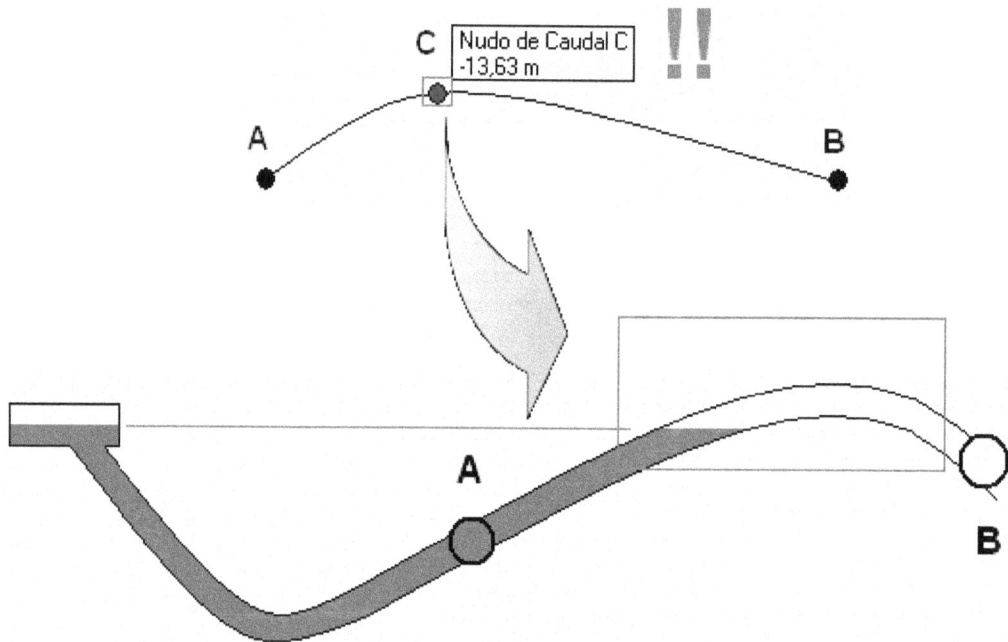

Colocando un nudo C, en el punto alto entre los puntos de consumo A y B, podrás comprobar que la presión es suficiente:

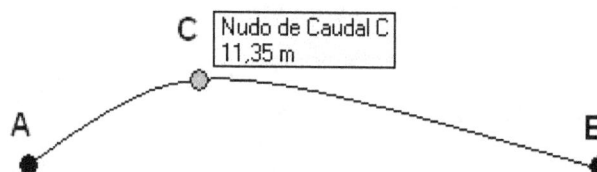

4. Los puntos clave del croquis, puntos A, B, C, D, E, deben estar representados en Epanet para poder comparar el levantamiento topográfico con el esquema. Cada uno de ellos, como el resto de puntos intermedios, tendrá una cota y una distancia acumulada desde el punto inicial. Por ejemplo, el punto B, tiene una cota de 28 metros y una distancia acumulada a A de 445 metros. Si tuviéramos que poner una tubería entre B y el inmediatamente anterior, b', su longitud sería 100m.

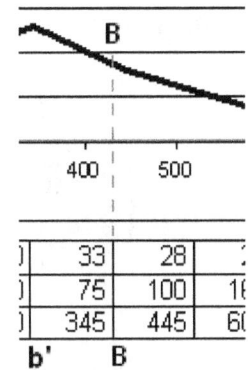

	33	28	
	75	100	1{
	345	445	6(
	b'	B	

5. Los puntos claves son seis, cinco correspondientes a letras y el punto elevado intermedio de longitud acumulada P345. El segundo punto elevado, longitud 805m, coincide con D, por lo que no hay que prever un nudo adicional. Las distancias entre los puntos A, P345, B, C, D, y E, se obtienen restando sus longitudes acumuladas.

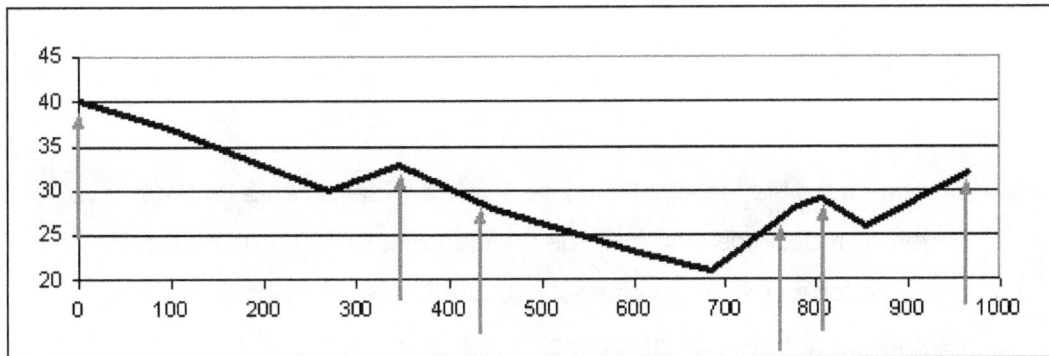

H.	40	37	32	30	33	28	23	21	28	29	26	32
Long	0	100	120	50	75	100	160	80	90	30	50	110
L. Acum.	0	100	220	270	345	445	605	685	775	805	855	965

A   B   C D   E

Las longitudes son las mostradas en el esquema, después de comprobar que sus sumas parciales corresponden a la longitud acumulada de E:

345+100+330+30+160 = 965

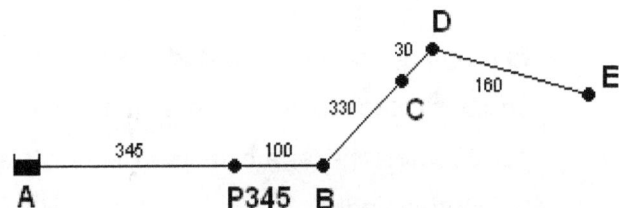

6. Introduce los datos de cota en los nudos.

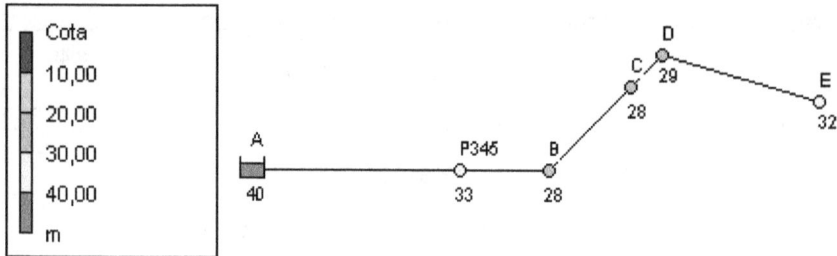

7. Introduce la demanda del punto E, asegúrate de que el coeficiente de fricción corresponde a tuberías de hierro galvanizado (120) y calcula la red. Modifica la leyenda para ver los valores de presión con claridad.

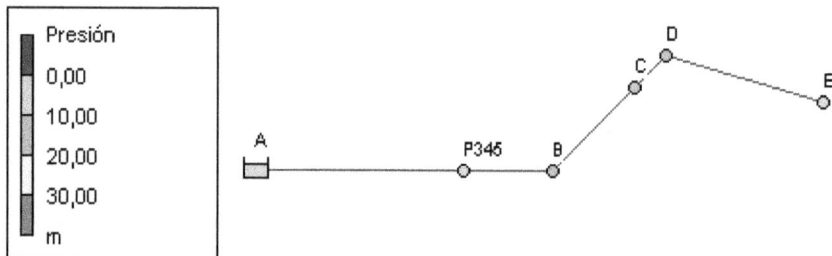

Si todo ha ido bien la simulación será valida. Nuevamente tenemos que ver si podemos reducir los diámetros de las tuberías. En lugar de tantear ciegamente como en los ejercicios anteriores, hay una forma de detectar qué tuberías son demasiado grandes de un vistazo.

Al igual que al estrechar la boca de una manguera el agua se acelera, al colocar diámetros de tubería demasiado grandes el agua se desacelerará y tendrá velocidades más bajas. Esto se debe a la Ecuación de Continuidad, que establece que el caudal es constante a través de distintas secciones de una tubería:

$$s_1 * v_1 = s_2 * v_2 = s_3 * v_3 = \text{constante} \qquad s : \text{Seccion}, \ v : \text{Velocidad}$$

El rango normal de velocidades en hora punta en una tubería es de 0 a 2 m/s para aguas sin sedimentos. Viendo qué tuberías tienen velocidades más bajas sabemos por dónde empezar a cambiar. Recuerda siempre empezar por las más cercanas a la fuente de agua.

8. > Visor /Esquema /Líneas /Velocidad. Puedes seleccionar otros parámetros que visualizar en el menú desplegable, por ejemplo, el caudal. Si activas el menú Nudos, podrás seleccionar qué quieres ver simultáneamente en el esquema, por ejemplo, la presión.

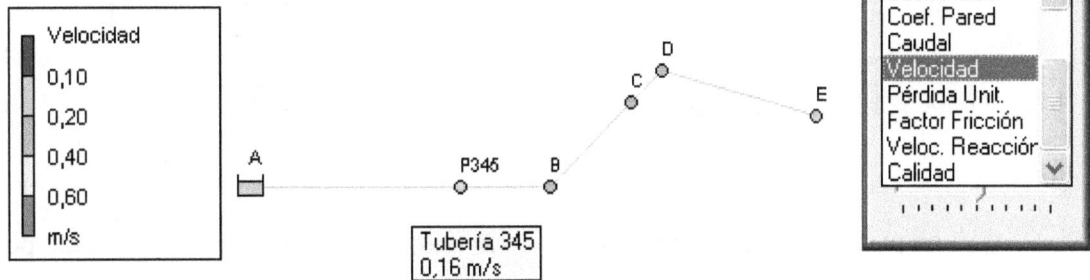

Al ser una única tubería con un único consumo al final, todas las tuberías tendrán la misma velocidad mientras sean del mismo diámetro. El valor 0,16 m/s es demasiado bajo. Modifica el diámetro de la primera tubería hasta que consigas una velocidad de 0,5 m/s o mayor.

9. Observa lo que ha sucedido con las presiones al cambiar el diámetro de la primera tubería a 100mm. Los puntos P345 y E no podrán tener nunca más de 10 metros de presión. El punto P345 tiene una cota de 33m, sólo 7 menos que el embalse, y el E 32m, 8 menos que A. En estos puntos se intentará conseguir toda la presión que no encarezca en exceso la red. Podemos fijar que el mínimo de presión en estos dos puntos sea 6 metros.

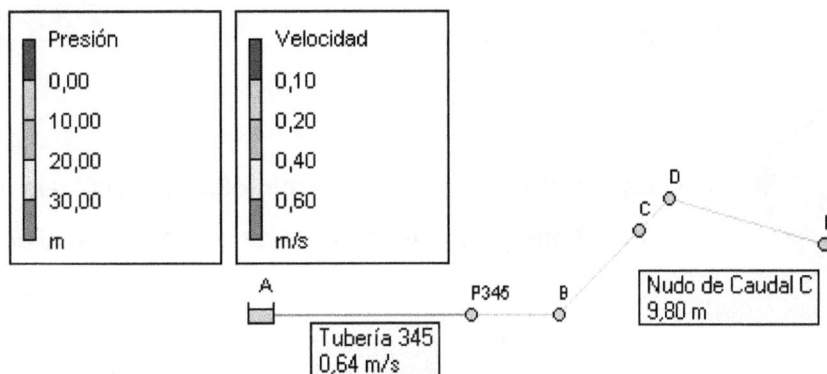

10. La modificación de la tubería 1 ha disminuido todas las presiones aguas abajo. Prueba a aumentar el diámetro a 125mm.

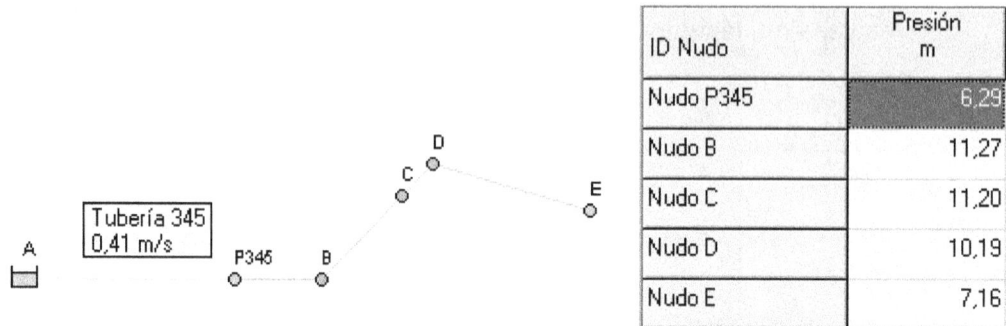

ID Nudo	Presión m
Nudo P345	6,29
Nudo B	11,27
Nudo C	11,20
Nudo D	10,19
Nudo E	7,16

Las presiones están cerca de los parámetros mínimos. Damos el cambio por bueno. Observa que esta tubería ahora tiene una velocidad de 0,41 m/s y las restantes mantienen 0,16 m/s, como prevé la ecuación de continuidad.

11. Sigue probando hasta encontrar una solución aceptable.

12. Una posible es ésta, donde todas las tuberías tienen un diámetro de 125mm.

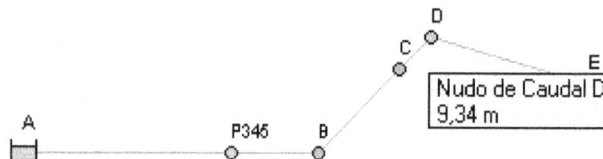

Aunque el punto D está ligeramente por debajo de 10m de presión, una ganancia de tan sólo 0,064 bares de presión no justifica aumentar todos los diámetros y disparar el costo del sistema.

Guarda el archivo final como **Ejercicio9.net**, y vuélvelo a guardar como **Ejercicio10.net**, ya que es el punto de partida del siguiente ejercicio.

Ejercicio 10.   Un estudio topográfico ramificado

Al diseño del ejercicio anterior se le quiere añadir una ramificación para abastecer un segundo pueblo, punto G, con 7 l/s. Modificar el diseño según los nuevos datos:

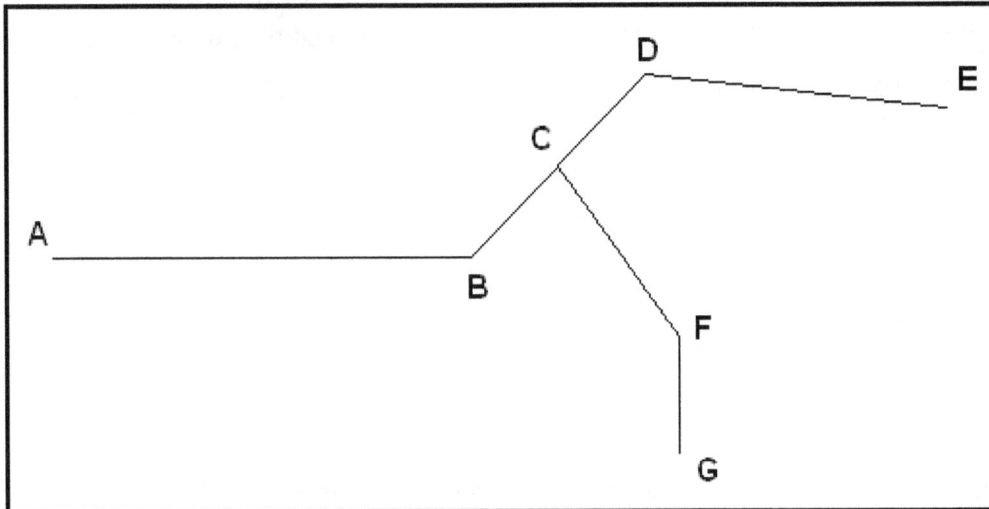

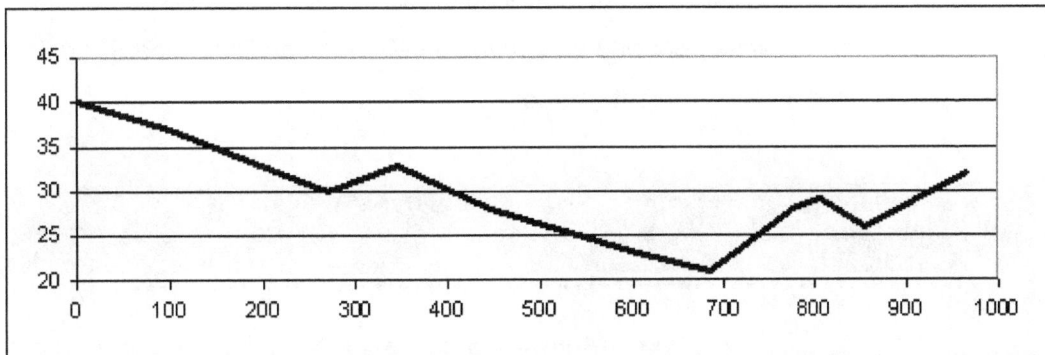

H.	40	37	32	30	33	28	23	21	28	29	26	32
Long	0	100	120	50	75	100	160	80	90	30	50	110
L. Acum.	0	100	220	270	345	445	605	685	775	805	855	965

A   B   C   D   E

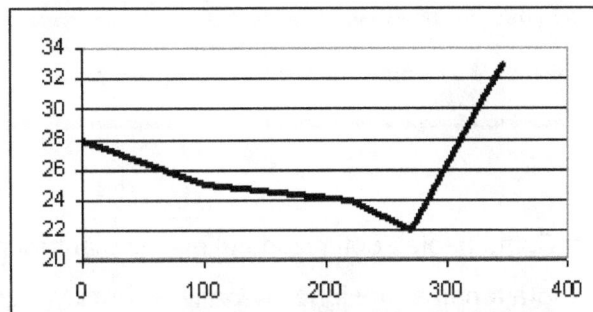

H.	28	25	24	22	33
Long	0	100	120	50	75
L. Acum.	0	100	220	270	345

C   F   G

1. Abre el archivo **Ejercicio10.net** si lo cerraste desde el ejercicio anterior.

2. Fíjate que los datos de la rama principal son exactamente los mismos. Se trata de añadir la segunda rama. El punto C, que es común a ambas ramas y tiene la misma cota, es el punto de unión. Toma la decisión de que puntos incluir y cuales excluir. Ten en cuenta que éste es un estudio topográfico muy simplificado, un estudio real puede tener cientos o miles de puntos, y representar cada uno de ellos puede ser una tarea hercúlea.

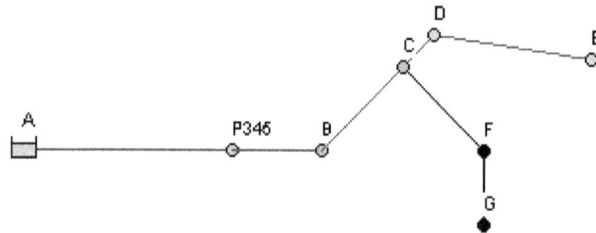

3. Introduce los datos de los nudos nuevos, la cota y la demanda (24m, 33m y 7 l/s). Presta atención a introducir los datos de demanda en el parámetro Demanda Base. Es fácil equivocarse y ponerlo en Curvas de Modulación Demanda. En este caso, Epanet producirá el siguiente aviso:

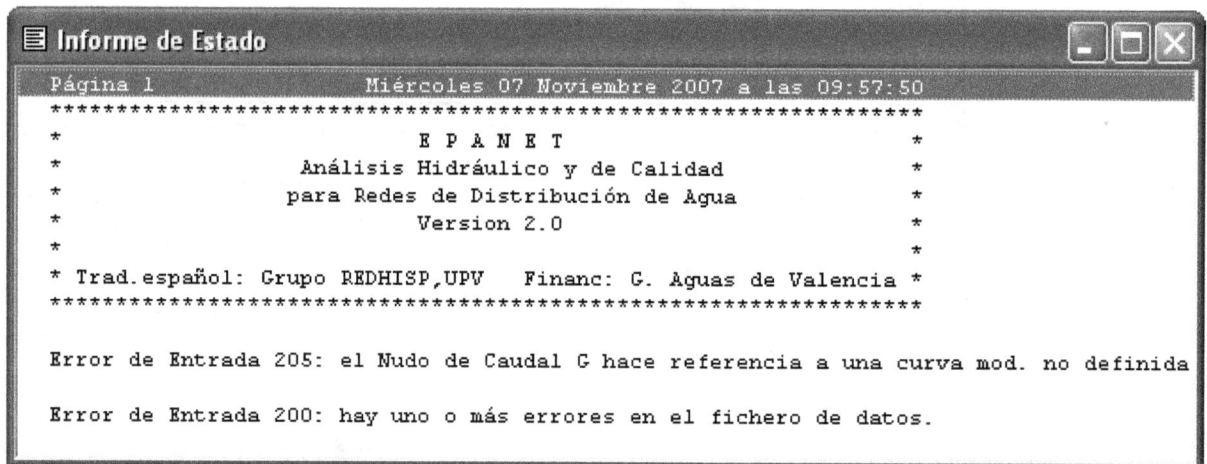

4. Calcula la red. Como habías optimizado el ejercicio anterior para un sólo consumidor, ahora tendrás presiones negativas. Para ver que tuberías necesitas aumentar, observa la velocidad en > Visor /Esquema /Líneas /Velocidad.

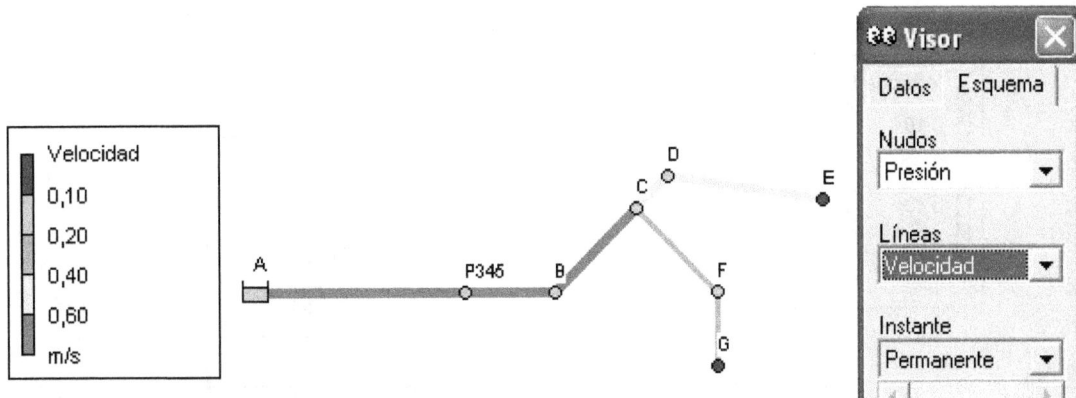

Las tuberías comunes, las 3 primeras, ahora tienen que transportar más del doble de agua y la presión se resiente. Prueba a aumentar el diámetro de éstas primero.

5. Aumentando a 200mm, las presiones previstas son correctas. Los tres nudos rodeados en la tabla no pueden tener presión mayor que 10m debido a su cota:

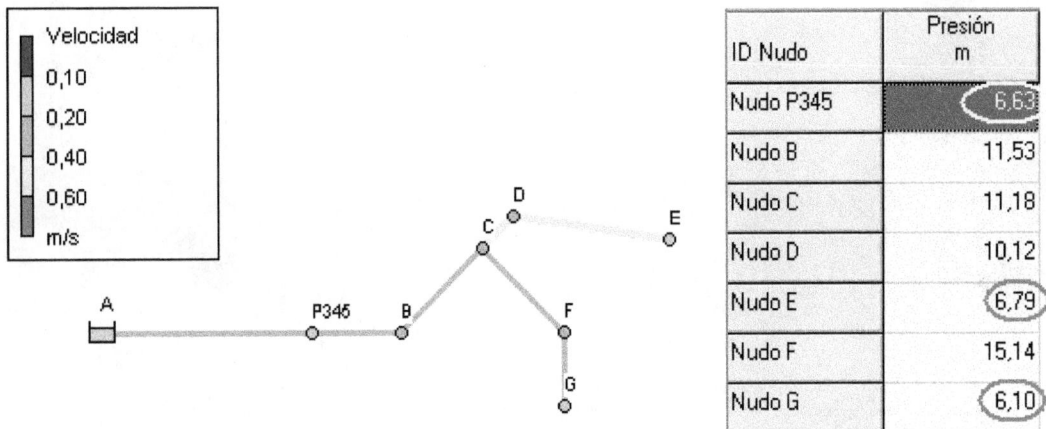

ID Nudo	Presión m
Nudo P345	6,63
Nudo B	11,53
Nudo C	11,18
Nudo D	10,12
Nudo E	6,79
Nudo F	15,14
Nudo G	6,10

La velocidad del agua en las tuberías del nuevo ramal es tan sólo 0,22 m/s. Observa que pasa con la presión del punto G si se disminuye su tamaño.

6. Con una pérdida de 0,04 bares, se pueden cambiar las tuberías por 150mm de diámetro. En polietileno, por ejemplo, las tuberías de 200 mm cuestan 22,4 €/m y las de 150mm 15,4 €/m. El ahorro de cambiar las tuberías sería 345m * 7 €/m = 2415 €.

ID Línea	Diámetro mm
Tubería 345	200
Tubería 100	200
Tubería 330	200
Tubería 30	125
Tubería 160	125
Tubería 220	150
Tubería 125	150

Velocidad

0,10

0,20

0,40

0,60

m/s

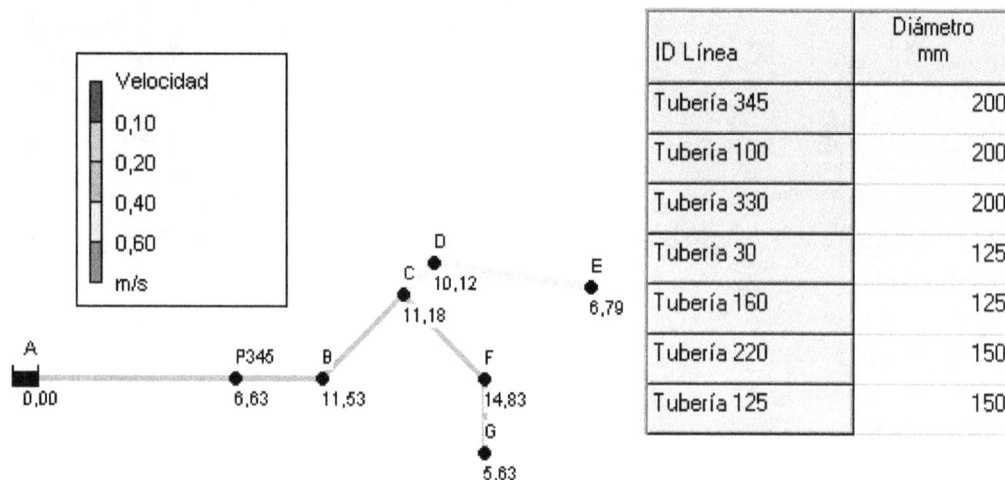

Guarda el archivo final como **Ejercicio10.net**. Más adelante se utilizará para introducir un patrón de consumo.

Ejercicio 11.   Un caso abrupto

Desde un lago en la ladera de una colina se pretende alimentar un único punto con 2 l/s en otra colina cercana. El recorrido es prácticamente rectilíneo. Por la cercanía a países productores de petróleo se ha elegido PEAD como material. Elige el diámetro de esta conducción. Teniendo en cuenta que la normativa del país exige que la presión de trabajo de las tuberías sea como máximo un 80% de la presión nominal, ¿cuál debe ser la presión nominal de las tuberías que instales?

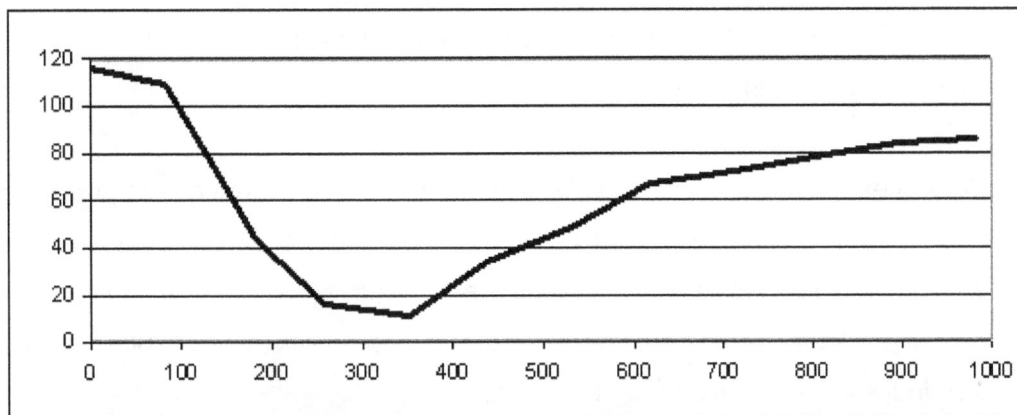

H.	116	109	43	16	11	34	48	67	72	78	84	86
Long	0	82	100	76	93	87	91	88	95	89	96	84
L. Acum.	0	82	182	258	351	438	529	617	712	801	897	981

A   B

1. El esquema de este ejercicio es muy sencillo, pero a la hora de decidir los puntos relevantes, ten en cuenta este aviso:

En caso de que la red tenga desniveles entre puntos mayores de 40 metros o haya bombas, es necesario colocar un nudo en los puntos bajos para asegurarse que la presión que soportan las tuberías esta dentro de los márgenes de trabajo de la tubería. Desconfía de las especificaciones de las tuberías en ciertos países.

2. Este sistema tendrá un punto inicial A, un punto final B y un punto intermedio b' de cota mínimal. A veces, es más visual hacer un esquema como si fuera la vista lateral para tener presente la topografía, como en este caso:

9	43	16	11	34
2	100	76	93	87
2	182	258	351	438

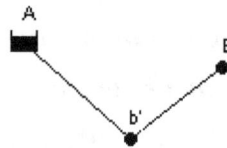

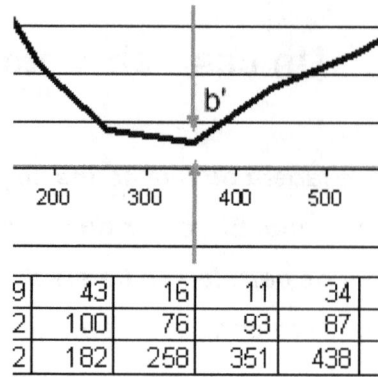

3. Introduce los datos. La rugosidad del PEAD, 140, las cotas 116m, 11m y 86m, y las longitudes 438m y 543m, comprobando que su suma es en efecto 981m. Finalmente la demanda en B de 2 l/s.

4. Calcula el sistema y modifica las leyendas teniendo en cuenta que la presión en el punto de distribución debe estar entre 1 y 3 bares. Llegarás a un punto en el que la presión en el nudo B es menor que 3 bares. Sin embargo, la velocidad del agua es muy baja. Disminuyendo la presión del punto B, se economiza en tubería y se disminuye la presión del punto b'.

Es muy importante que los sistemas de abastecimiento de agua funcionen a las menores presiones posibles en exceso del rango de diseño. Cuando los sistemas tienen mucha presión las fugas son mayores y las roturas se multiplican.

5. En este caso, el margen de maniobra que queda es poco por la topografía. La estrategia a seguir es disminuir más el diámetro de la bajante que el de la tubería de subida para disminuir la presión del punto b'.

Una posible solución al sistema se presenta más adelante. En ella la bajante tiene un diámetro de 50mm. **Siempre que las tuberías sean menores de 100mm en una longitud de más de 300m considera el riesgo de que se bloqueen y cuales van a ser las precauciones a tomar**. Por ejemplo, proponer registros cada 300m para poder detectar fácilmente el tramo afectado por un bloqueo puede ayudar.

Velocidad		Presión	
0,10		0,00	
0,50		10,00	
1,00		20,00	
2,00		30,00	
m/s		m	

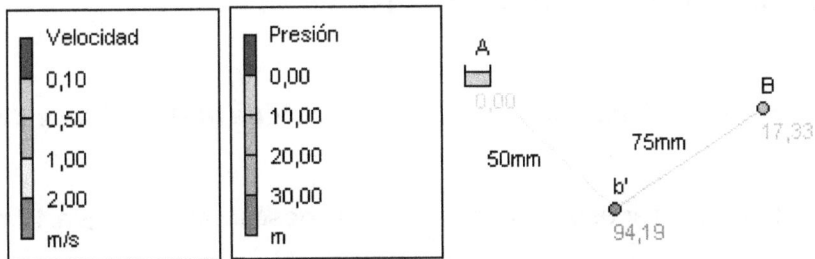

En cuanto a la presión de trabajo de la tubería esta se debe tomar en los periodos de muy bajo consumo. En las horas punta, la presión de la red disminuye y nos daría una estimación demasiado optimista.

6. Cambia la demanda del punto B a 0 l/s y toma una lectura de la presión en el Punto b'. El resultado es 105 metros o 10,5 bares.

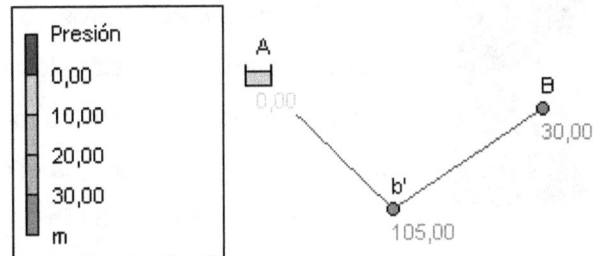

7. Ajusta el valor a la normativa vigente, aumentándolo en un 20 %.

$$105 \text{ m} * 1,2 = 126\text{m} \text{ o} \quad 12,6 \text{ bares.}$$

A la hora de pedir las tuberías, PN 10 (10 bares) no sería suficiente y habría que tomar el inmediatamente superior, PN 16 (16 bares).

Ejercicio 12.   Tocando el fondo

Incorporar la imagen 12.bmp como fondo sabiendo que mide 1033m x 625m.

? Para realizar este ejercicio necesitas descargar la imagen **12.bmp** de la dirección www.epanet.es/contenidosepax.html. ¡Recuerda añadir a favoritos esta dirección!

1. Abre Epanet y sigue el ritual de configuración.

Epanet trabaja con ficheros de imagen con extensión ".bmp". Estos ficheros apenas tienen compresión, lo que resulta en imágenes que pesan mucho. Compara el peso en formato .bmp (572 Kb) y con el de la misma imagen en .jpg (45 Kb). Para evitar que el ordenador sea demasiado lento, no uses ficheros de más de 4 o 5 Mb. Otro inconveniente grande de usar ficheros muy grandes es que con Epanet puedes siempre ampliar la vista pero no reducirla. Con un fichero demasiado grande, tendrás una vista ampliada quieras o no.

2. Carga la imagen de fondo: > Ver /Mapa de fondo /Cargar. Selecciona la imagen 12.bmp de la carpeta donde la guardaste. Esto carga una imagen de fondo, pero sus dimensiones no están especificadas.

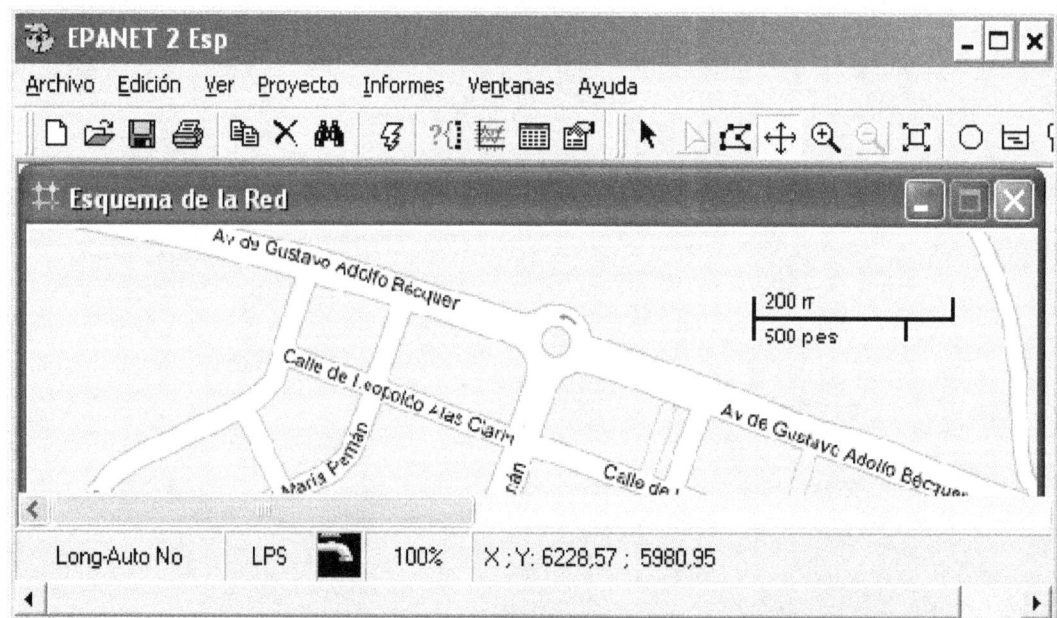

3. Para establecer sus dimensiones, > Ver /Dimensiones. Una esquina será (0,0) y la otra esquina (1033,625). Señala que las unidades sean metros.

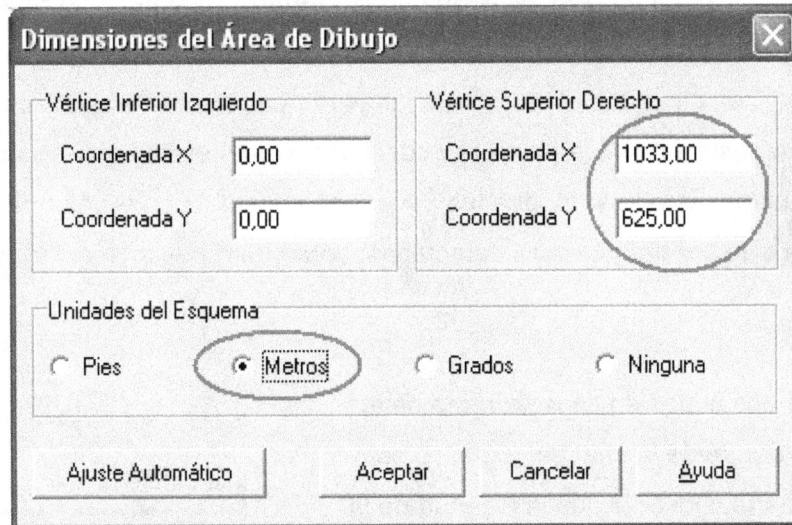

4. Una manera sencilla de comprobar que todo ha ido bien es colocar el cursor en la esquina superior derecha de la imagen y ver si las coordenadas que Epanet muestra en la barra horizontal inferior coinciden con los valores de calibración. Para desplazar la imagen usa el botón Desplazar:

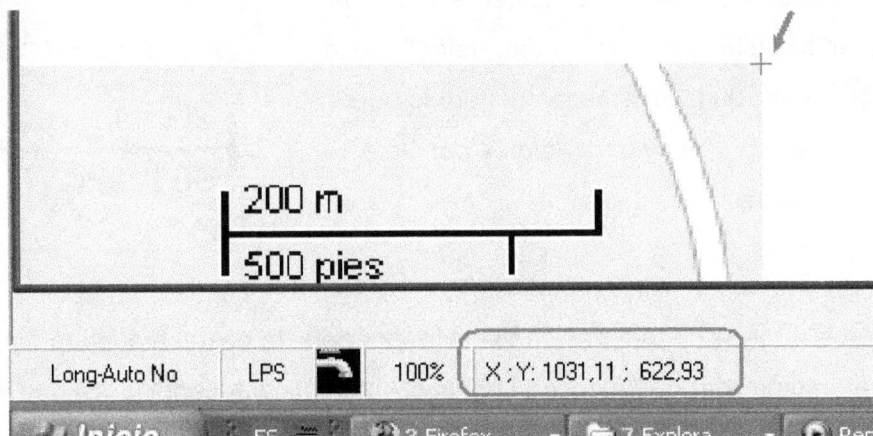

5. Para trazar tuberías en el modo Longitud Automática, debes activarlo pinchando con el botón derecho en el área Long-Auto No (esquina inferior izquierda de Epanet) y aceptar Long-Auto Sí.

6. Si lo has activado correctamente ésta zona mostrará "Long-Autom Sí".

 Al dibujar con Epanet el modo Longitud Automática pasa de Sí a No con mucha facilidad. Si no te das cuenta de esto, mezclar tuberías con longitud real con otras con el valor de la longitud por defecto es muy fácil. El diseño que resulte no sirve para gran cosa. Acostúmbrate a mirar allí de vez en cuando. Si te pasara, puedes hacer una consulta con el valor de longitud de tubería por defecto para detectarlas, como haremos enseguida.

7. Coloca dos nudos en cada extremo de la escala dentro de la imagen, y únelos con una tubería. Observa que la longitud de la tubería ha tomado un valor cercano a los 200m. Una variación de algunos metros arriba o abajo es normal.

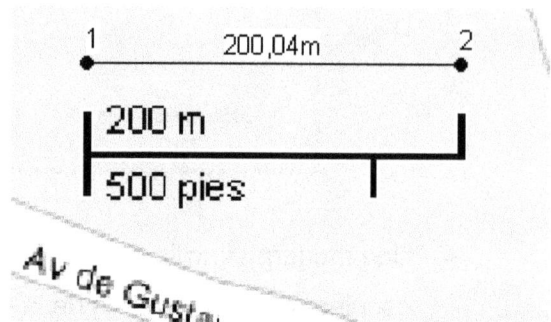

8. Desactiva el modo Longitud Automática, dibuja dos nudos justo encima de los anteriores y la tubería que los une. El valor por defecto de la tubería es 100m generalmente, pero lo puedes consultar en > Proyecto /Valores por Defecto /Propiedades.

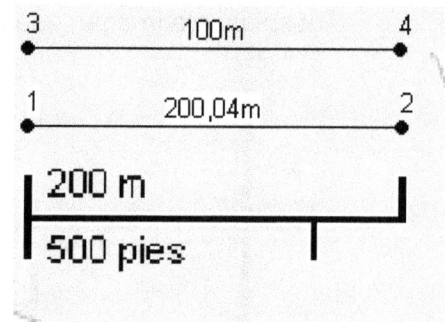

9. Una búsqueda de tuberías con el valor por defecto destacará todas aquellas que no fueron dibujadas con el modo Longitud Automática encendido, ya que es muy improbable que una tubería que dibujes mida exactamente 100m.

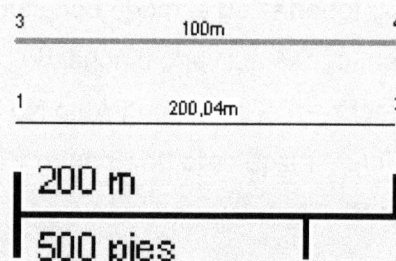

Arnalich. Water and habitat

Ejercicio 13.   Una intervención de emergencia

Diseña un sistema de emergencia en PVC para abastecer una población desplazada en la zona deforestada de la imagen 13.jpg, en la que se van a colocar 5 rampas de distribución de 6 grifos cada una alimentadas desde algún punto elevado cercano. Para ello, la autoridad local te ha cedido una fotografía aérea con curvas de nivel y cuadrículas de 1km x 1km.

Para realizar este ejercicio necesitas descargar la imagen **13.jpg**.

1. Abre Epanet y sigue el ritual de configuración.

2. Abre la imagen con Paint.net y guárdala como 13.bmp para que Epanet la pueda reconocer. Para seleccionar el programa con el que se abre, pincha sobre la foto con el botón derecho y > Abrir con /Paint.NET:

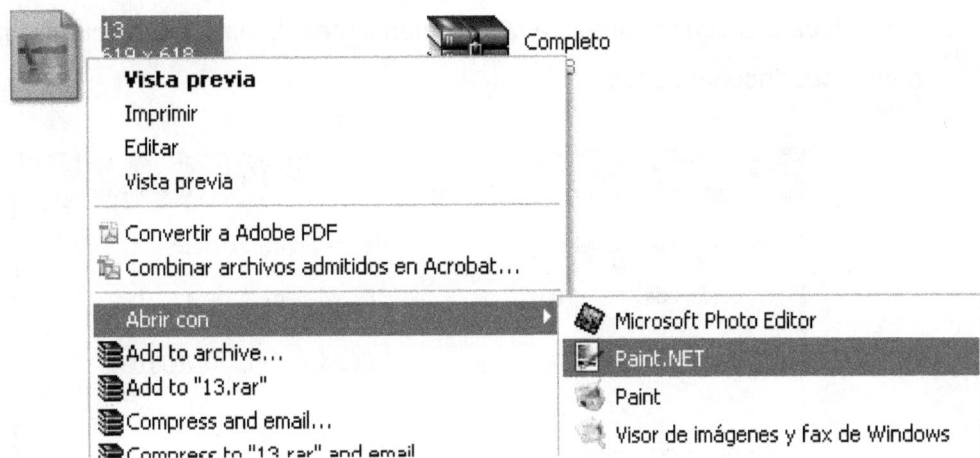

3. Una vez abierta, > Archivo /Guardar como. Debajo del nombre del archivo tienes la posibilidad de elegir en que formato guardarla. Pincha el segundo recuadro y elige .bmp (también llamado Bitmap o Mapa de bits) del menú desplegable que aparece:

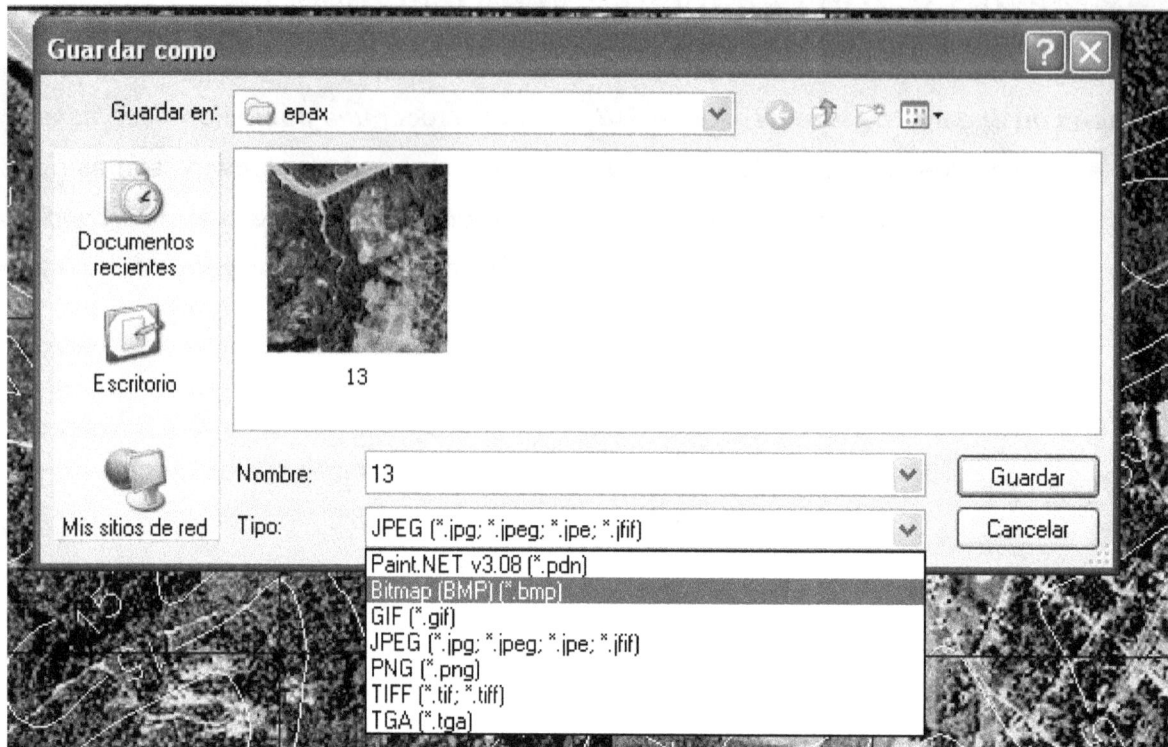

4. Carga la imagen en Epanet, > Ver /Mapa de fondo /Cargar.

5. Establece sus dimensiones, > Ver /Dimensiones. La imagen es cuadrada con cuatro cuadrículas de lado:

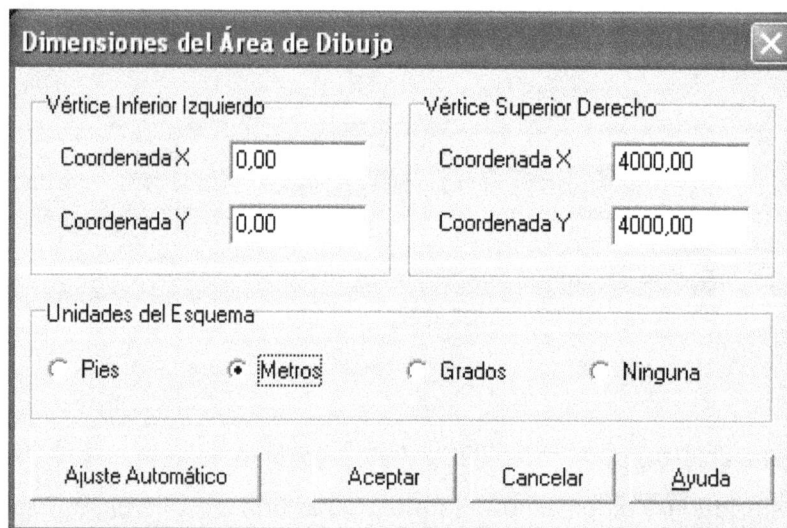

6. El siguiente paso es situarse en la imagen, buscando los puntos altos donde colocar el depósito, los bajos, como se evacuará el agua de los grifos, etc.

7. En la esquina inferior derecha hay un rectángulo que recuerda a un campo de fútbol. Coincide con el punto más elevado. Este será un lugar ideal para colocar el depósito porque tendrá buen acceso y mucho espacio libre alrededor para organizar las operaciones necesarias en una emergencia, almacenar material, etc.

8. Busca un trayecto de la tubería de tal manera que no haya ni puntos altos ni bajos.

Algunas imágenes de fondo dificultan enormemente ver el dibujo de la red. Pinta, por ejemplo, un nudo en la zona con arbustos de esta imagen y verás como desaparece. En estos casos, una vez te hayas familiarizado con la imagen, se puede aclarar:

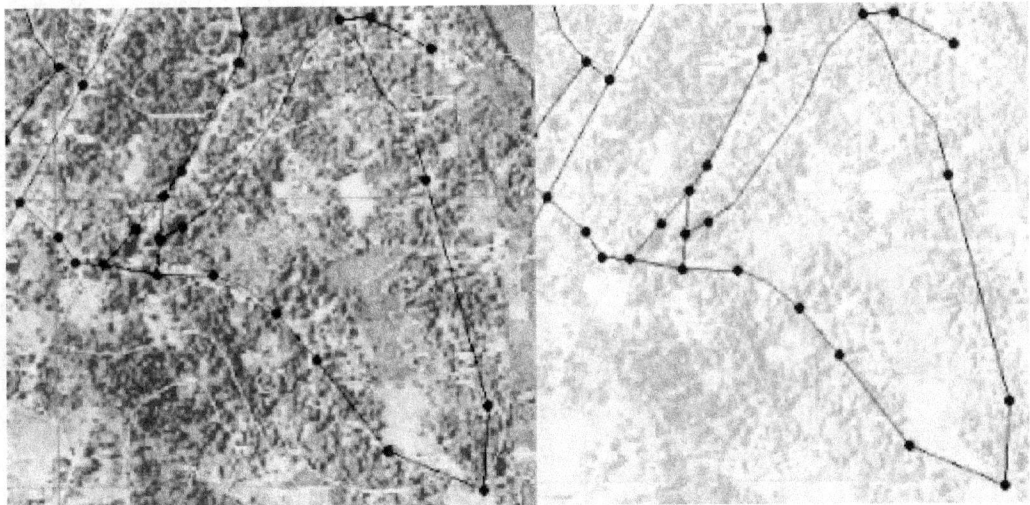

Para aclarar la imagen en Paint.NET, > Ajustes /Brillo y contraste:

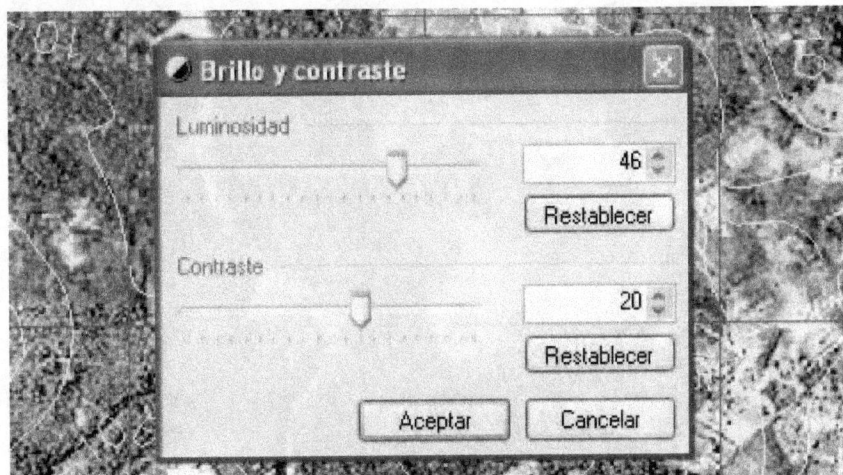

Aclara la imagen y guárdala en la misma carpeta con el nombre 13claro.bmp. Para cambiar de una a otra, simplemente carga una u otra. Cuando no quieras imagen de fondo selecciona Descargar en el mismo menú.

9. Activa Longitud Automática y dibuja el recorrido. Este, por ejemplo, es el que yo he previsto. Desde los 35 metros del embalse, bajo bruscamente hasta tocar la curva de nivel de los 25 metros. La idea es presurizar el sistema rápidamente. Una vez tocada la curva de nivel de 25 metros la he ido siguiendo. Cuando esta se desvía de la dirección principal Norte-Sur, he buscado mediante una bajada suave la curva de los 20 metros. He vuelto a seguir esta curva y he pasado finalmente a la de 15 metros.

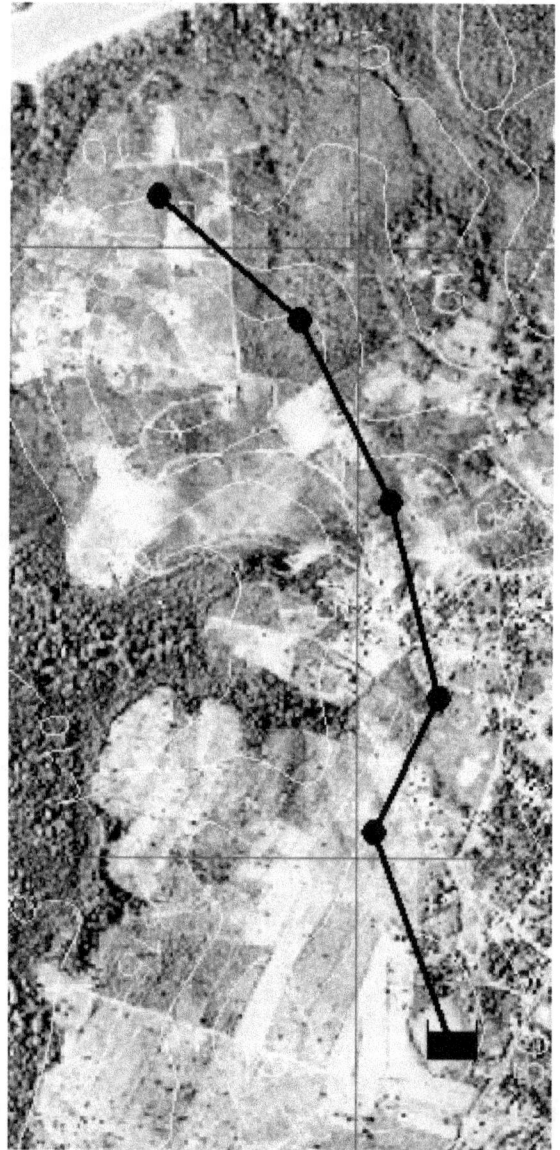

10. Deduce aproximadamente las cotas de los nudos usando las curvas de nivel.

11. Una vez dibujado el esquema y averiguadas las cotas, la imagen de fondo quizás te estorba para visualizar los resultados. Para descargarla, > Ver /Mapa de fondo /Descargar.

12. Sabiendo que un grifo normal tiene un caudal de 0,2 l/s, una rampa de distribución de 6 grifos tendrá un caudal total de 1,2 l/s. Fíjate que no hemos dibujado los 6 grifos y la estructura de la rampa como en la imagen, sino que hemos simplificado haciendo que todo el consumo sea puntual. Este proceso, se llama esqueletización y lo veremos más adelante.

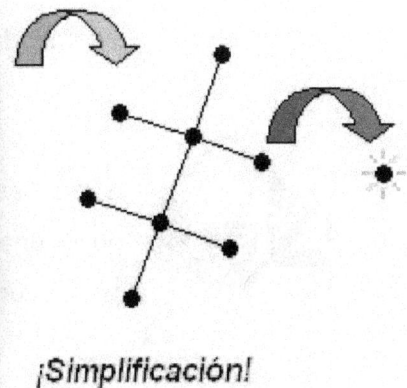

¡Simplificación!

Aprovecha para fijarte también en el *lavado de manos* al que hay que someterse mientras se llena el bidón. Estos grifos de cierre automático tan poco higiénicos siguen siendo muy populares en las emergencias. Aunque se salen del propósito de este manual, ten siempre presente estos detalles en la concepción de un sistema de abastecimiento de agua.

13. Introduce todos los datos y calcula la red.

14. Cambia la demanda de todos los nudos a 0, y observa si en este sistema habría presiones peligrosas en los periodos de bajo consumo. Una posible solución al problema es esta:

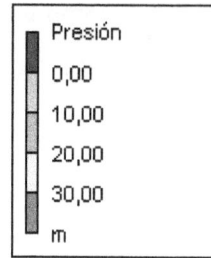

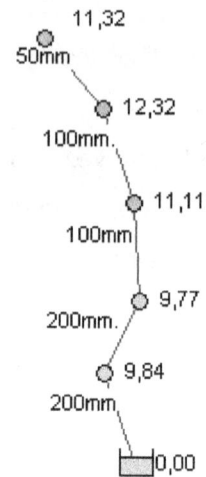

Presión	
	0,00
	10,00
	20,00
	30,00
	m

11,32
50mm

12,32
100mm.

11,11
100mm

9,77
200mm.

9,84
200mm.

0,00

En una emergencia, campo de refugiados o instalaciones similares, habrá colas durante algunas horas del día. Todos los grifos estarán en uso, lo que es menos frecuente en una red de abastecimiento de una población. Acabas de ver como se calcula este tipo de redes. El resto de redes tienen un enfoque distinto a la hora de calcular la demanda, como se verá en el capítulo siguiente.

Guarda este ejercicio como **13.net**. Más adelante lo utilizaremos para poner una bomba desde el río hasta el depósito en la colina y ver por qué se ha modelado un depósito en lo alto de una colina como un embalse.

Ejercicio 14.   Averiguando dimensiones

Tienes una foto aérea de la zona donde irá la red pero no tiene especificadas las dimensiones. Con la ayuda de un GPS has determinado la posición de dos puntos en la intersección de las calles que pensabas poder reconocer fácilmente en la foto aérea y en el terreno. Sus coordenadas son:

A	10 S 0559741 4283782
B	10 S 0564821 4281174

Carga y dimensiona la imagen de fondo para poder utilizarla en Epanet.

Para realizar este ejercicio necesitas descargar la imagen **14.jpg.**

1. Abre Epanet y sigue el ritual de configuración.

2. Cambia la foto de formato .jpg a .bmp.

3. Averigua las dimensiones de la imagen:

A	0559741	4283782
B	- 0564821	4281174

	- 5080	2608

   El signo de la distancia no tiene importancia práctica. Esta imagen corresponde con 5080 metros en la horizontal (Este-Oeste) y 2608 en la vertical (Norte-Sur).

4. Epanet sólo acepta las dimensiones de las esquinas. Lo siguiente es recortar la imagen haciendo que los puntos A y B coincidan con las esquinas. Para ello y en Paint.NET, haz > Herramientas / Seleccionar un rectángulo.

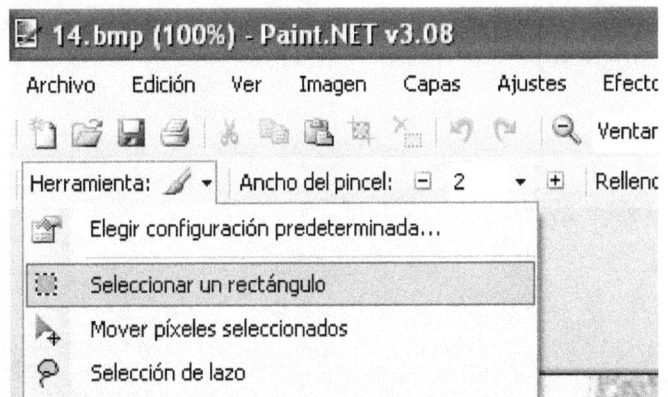

5. Coloca el cursor en el punto A, haz clic y arrastra hasta el punto B.

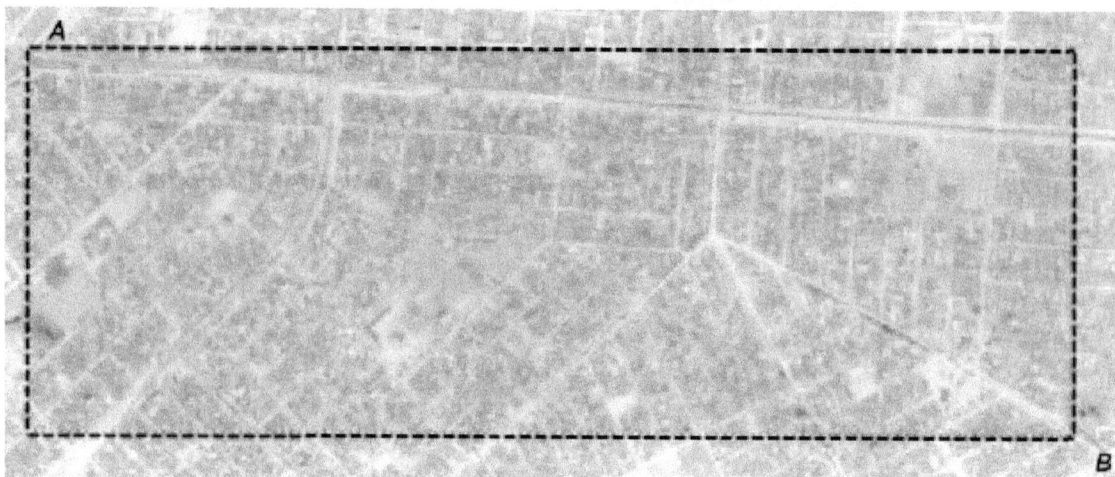

6. Recorta pulsando el icono recortar y guarda la imagen:

7. Carga la imagen de fondo, > Ver /Mapa de fondo /Cargar y dimensiónala usando estas distancias. Comprueba que todo esta correcto colocando el cursor en la esquina superior derecha y leyendo las coordenadas en la barra inferior.

Ejercicio 15.   Obteniendo imágenes satélite

Consigue y dimensiona una imagen satélite del aeropuerto de Muqdishu en Somalia con Google Earth.

Para realizar este ejercicio necesitas descargar e instalar el programa gratuito Google Earth. http://earth.google.com/intl/es/download-earth.html

1.   Abre Google Earth. La pantalla de bienvenida es similar a esta:

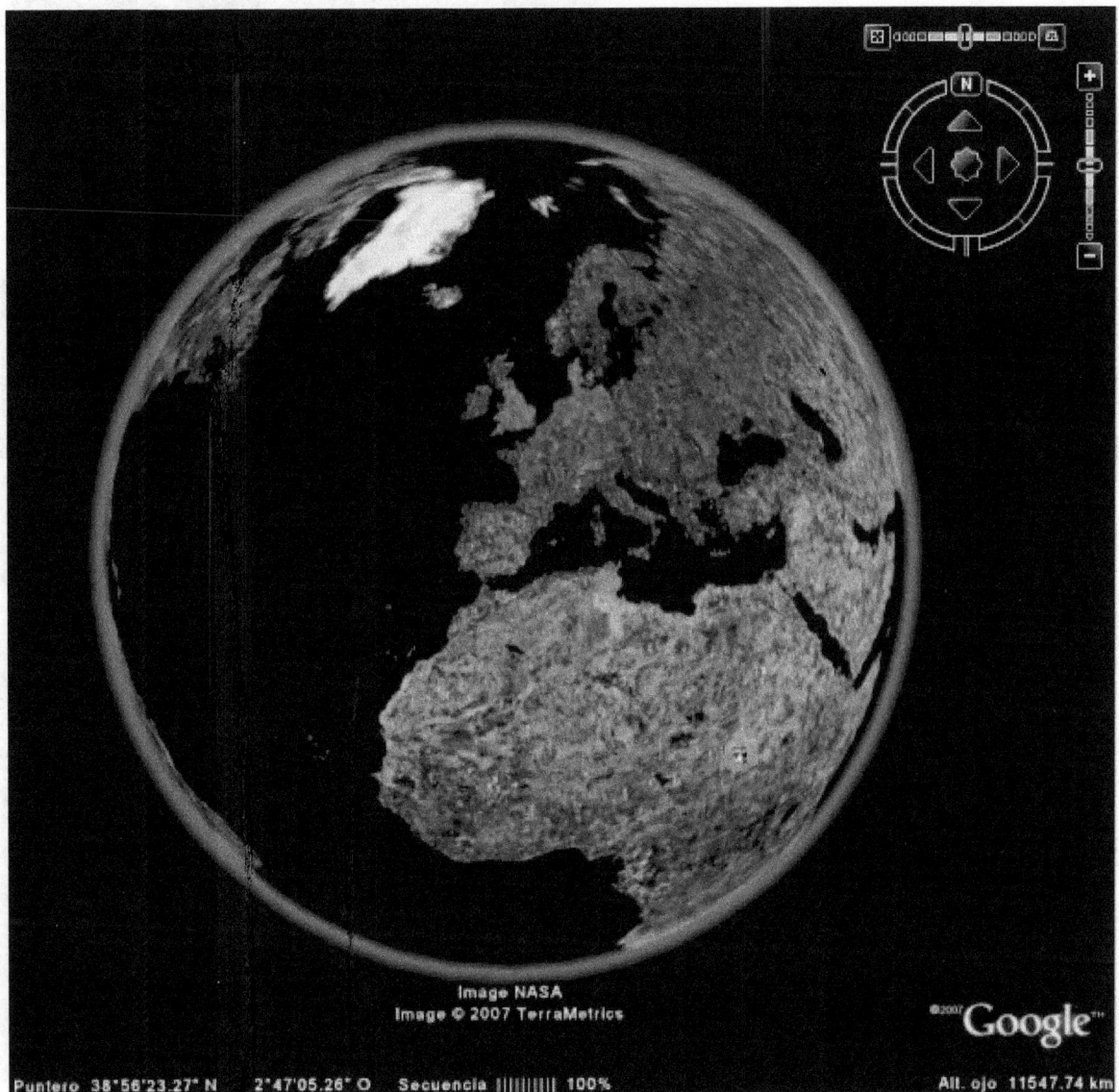

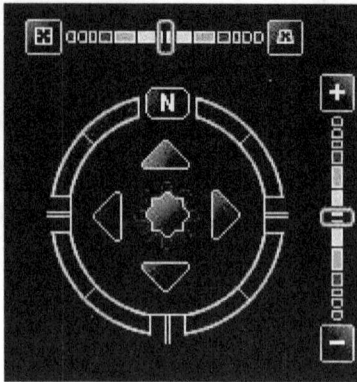

La navegación ser realiza en este panel de control. En el caso de querer usar la imagen de fondo, presta atención a mantenerte siempre vertical. Sin embargo, inclinando tu vista puedes obtener imágenes tridimensionales que te pueden ayudar a decidir trayectos para las tuberías.

2. Navega hasta el Cuerno de Africa y verás Muqdisho:

3. Acércate a Muqdishu hasta tener una vista de la ciudad y localizar el aeropuerto. Está en el suroeste.

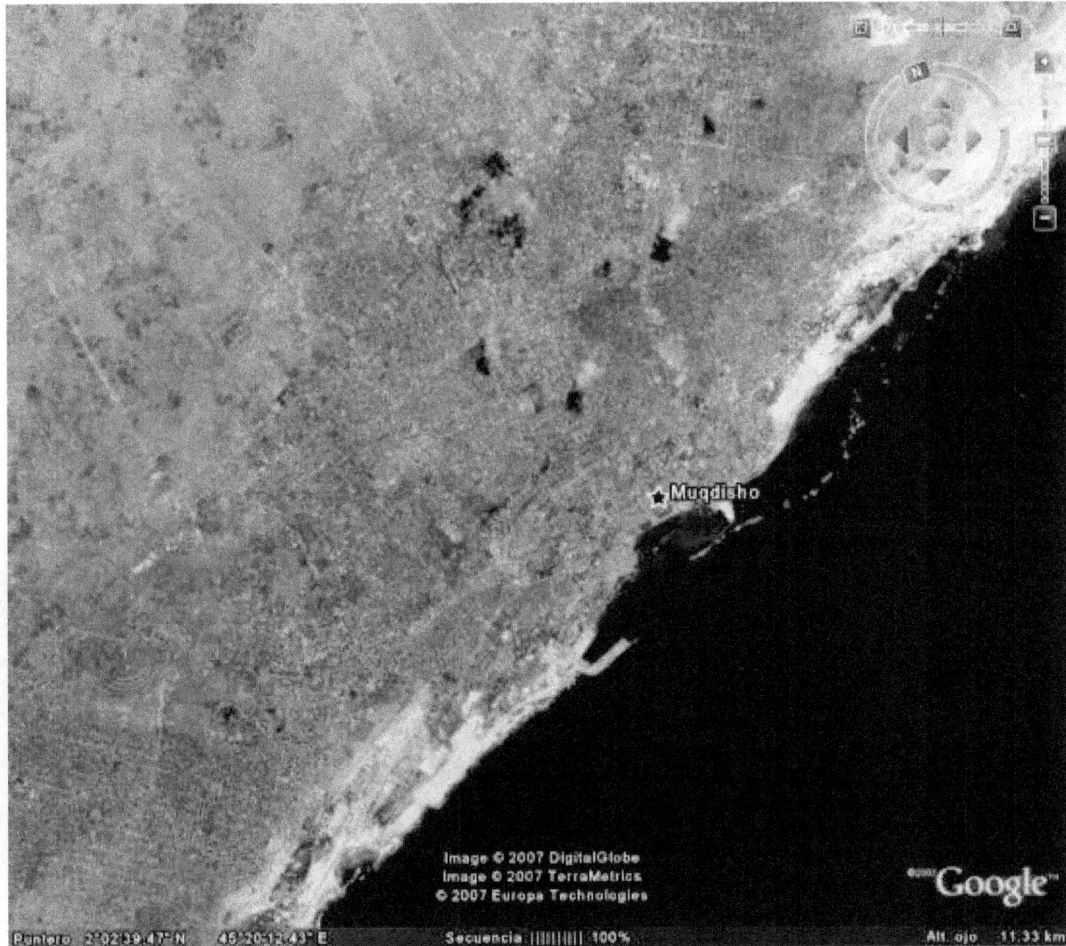

4. Cuando los dos extremos del aeropuerto ocupen casi toda la pantalla, haz una captura de pantalla. Esto se hace con la tecla "Impr pant", que suele estar en el ángulo superior derecho del teclado y otra tecla simultanea, que según el ordenador que uses serán las mayúsculas (Shift), la tecla de Función (Fn), Control (Ctrl), etc. Una vez hayas hecho esto, habrás copiado la pantalla.

5. Abre Paint.NET y pulsa Ctrl y "v" simultáneamente. La imagen aparecerá en el programa.

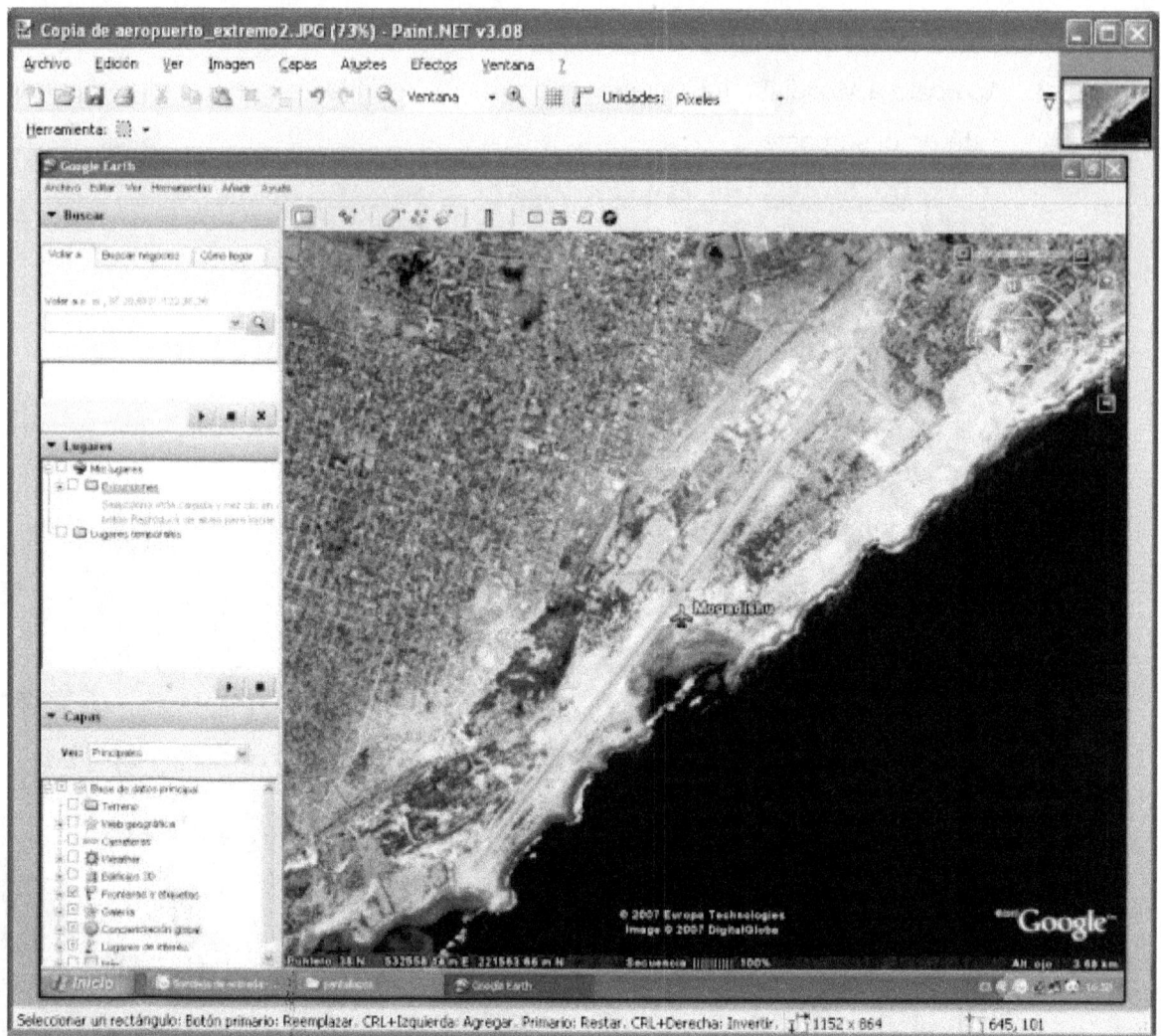

6. Ahora necesitarás cortarla según unas coordenadas. Para ello, y en Google Earth, coloca el cursor el cursor sobre un punto fácilmente distinguible y lee las coordenadas en la parte inferior.

7. Repite en el extremo superior para obtener la segunda coordenada. Tendrás dos coordenadas parecidas a estas:

$$38N\ \ 535318\ \ 223873$$
$$-\ 38N\ \ 532558\ \ 221563$$

$$2760\ \ \ \ \ 2310$$

8. Recorta la imagen por los puntos que has tomado.

9. Carga la imagen e introduce los valores en el diálogo Dimensiones como en ejercicios anteriores.

La cantidad y resolución de las imágenes disponibles en Google Earth aumenta a gran velocidad. Si hace algunos años apenas había imágenes de grandes ciudades, la cobertura actual es bastante buena.

Consulta los apartados "Mapas de migas de pan y puntos GPS", "Net2epa" y "Importando mapas desde Autocad" de la sección "Dibujando la red", Capítulo 3 del libro de Epanet y Cooperación para conocer otras maneras menos frecuentes de utilizar mapas.

Existe la posibilidad de descargar las imágenes a tu ordenador ya sea con la versión pro de Google Earth o con multitud de programas gratuitos que van cambiando. Busca en la web para encontrarlos.

4

La demanda

> ➢ *La vida es lo que ocurre mientras haces planes.*

(John Lennon)

La demanda en el tiempo y el espacio

Hasta ahora hemos supuesto la demanda constante a lo largo de todo el día. Se consumían "7 l/s en el punto G" o "2 l/s en el punto B". La realidad es que la demanda varía a lo largo del tiempo, notablemente a lo largo del día. Otra consideración es como repartir esa demanda entre los distintos nudos que forman una red. Determinar la demanda y distribuirla espacialmente es **cargar el modelo**.

El Capítulo 4 del Libro de Epanet y Cooperación trata el tema en detalle. Para hacerte con los matices, es importante que lo leas completo.

A continuación se muestra un patrón de consumo diario, lo que Epanet llama **Curva de modulación**:

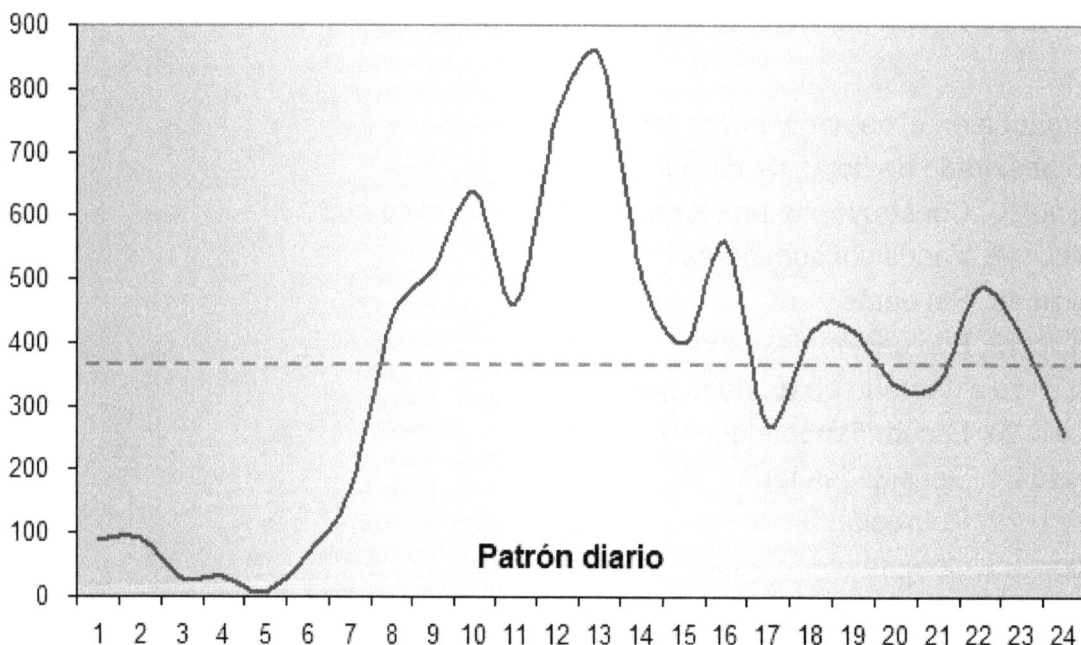

Patrón diario

Multiplicadores

La manera de tener en cuenta estas variaciones diarias es mediante el uso de números que multiplican a una demanda media del día, **los multiplicadores**. La filosofía es muy simple, si la media diaria es 10 l/s, y a las 16:00 horas se consumen 20 l/s, el multiplicador es 2.

Así, Epanet sólo tiene que ir aplicando los multiplicadores de cada hora para representar la evolución de la demanda con el tiempo. Para calcular los multiplicadores se procede:

Demanda instantánea /	*Demanda media*	=	*multiplicador*
20 litros/segundo /	*10 litros/segundo*	=	*2*

Cálculo del consumo diario total

Se suman todos los consumos esperados. Si tengo 2 cabras, 3 personas rurales y un burro, la demanda total diaria es:

Consumos mínimos (l/un)	
Habitante Urbano	50
Habitante Rural	30
Escolar	5
Paciente Ambulatorio	5
Paciente Hospitalizado	60
Ablución	2
Camello (una vez por semana)	250
Cabra y oveja	5
Vaca	20
Caballos, mulas y burros	20

2 cabras x 5 l/cabra   = 10 l

3 personas x 30 l/ persona = 90 l

1 burro x 20 l/burro   = 20 l

----

120 litros por día

Periodo de diseño

Si se utilizaran los datos actuales para diseñar una red se quedaría obsoleta antes de que se hubiera siquiera construido. Para que esto no ocurra, se intenta averiguar cuál puede ser la situación tras un número determinado de años llamado **periodo de diseño**. Cuantos años en concreto se consideran es una decisión arbitraria. Normalmente, se toman 30 años a pesar de que la vida mínima del PVC, por ejemplo, es 50 años. Proyectar más allá de 30 años dispara la incertidumbre y la inversión inicial para alcanzar un estado dudoso. ¿Dudas de mi palabra? Fíjate en esta declaración:

> ➢ *"Creo que existe mercado para unos cinco ordenadores en todo el mundo."*

(Thomas Watson, Presidente de IBM, 1943)

O esta otra, de la que hace exactamente 30 años:

> ➢ *"No hay ninguna razón por la que una persona normal pueda querer una computadora en su casa."*

(Ken Olsen, pionero en el desarrollo de los ordenadores, 1977)

Con 30 años se ha dado suficiente tiempo a las poblaciones para que planifiquen y organicen las modificaciones que vayan a necesitar. Sin embargo, el periodo no es matemáticamente 30 años.

En cualquier caso diseña redes que sean fácilmente ampliables. En varios lugares del libro de Epanet y Cooperación aprenderás cómo.

Fórmulas de proyección

Aritmética:
$$P_f = P_o \left(1 + \frac{i * t}{100}\right)$$

Geométrica
$$P_f = P_o \left(1 + \frac{i}{100}\right)^t$$

Exponencial
$$P_f = P_o * e^{\left(\frac{i * t}{100}\right)}$$

P_f , Población futura

P_0 , Población actual

i , tasa de crecimiento en %

t , tiempo en años

e , Número e, 2,718...

La proyección geométrica tiene mayor campo de aplicación. La aritmética no se recomienda para poblaciones de más de 20.000 personas.

Coeficientes semanal, mensual y por consumo no medido

Las variaciones semanales y mensuales se toman en cuenta multiplicando por un coeficiente, un multiplicador. Por ejemplo, si la media se ha calculado con mediciones de un lunes y el día que de más demanda se consume el doble, el **coeficiente semanal** será 2. De igual manera se procede con las diferencias mensuales para hallar el **coeficiente mensual**. Finalmente hay un consumo difícil de determinar, aquel que corresponde a fugas, pérdidas durante el uso, conexiones ilegales, servicios públicos, etc. Las fugas y pérdidas en redes nuevas están en torno al 20% haciendo que el **coeficiente por consumo no medido** sea 1,2.

Un enfoque pesimista

Las redes se diseñan poniéndose en el peor de los casos: el momento del día de la semana que más se consume del mes más calido con la población de dentro de 30 años. Se asume que si es capaz de funcionar en el momento de mayor exigencia, lo hará sin problemas en el resto. La manera de representar esto matemáticamente es multiplicando los coeficientes entre sí:

$$G_{lobal} = D_{iario} \times S_{emanal} \times M_{ensual} \times C_{onsumo\ no\ medido}$$

$$G_{lobal} = 2,39 \times 1,15 \times 1,37 \times 1,2 = \textbf{\underline{4,52}}$$

Si la demanda media es 10 l/s, en el peor momento de la red se consumirá:

$$10\ l/s * 4,52 = 45,2\ l/s$$

Recuerda este coeficiente para aplicarlo cuando no tengas datos, que es muy frecuente.

Asignando la demanda a los nudos

Lee la sección del mismo título del libro Epanet y Cooperación.

Análisis estático

Es el que hemos estado haciendo todo este tiempo. Sólo el considera un momento de máximo consumo.

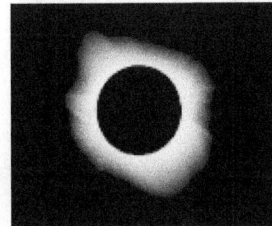

Análisis en periodo extendido

Se observa una sucesión de estados intermedios, que es muy útil para considerar otros momentos, como los de mínimo consumo. Estos momentos nos permiten hacernos una idea del envejecimiento del agua en la red, de las fugas nocturnas, de las presiones máximas del sistema, etc.

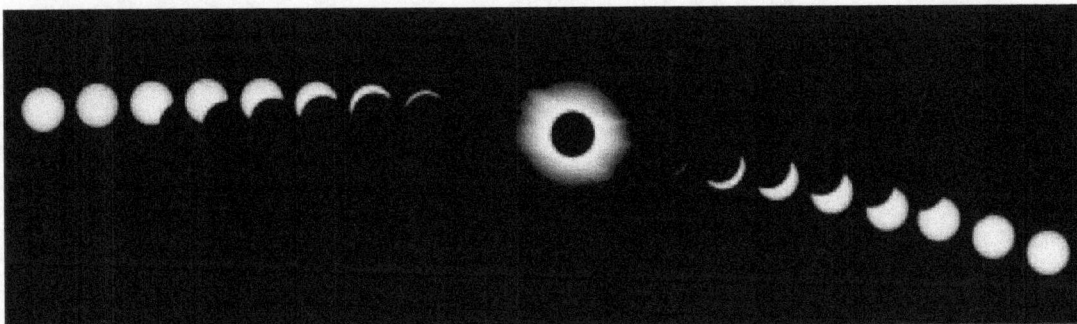

Curso acelerado de hojas de cálculo (Excel, etc.)

En los cursos presenciales los alumnos aprecian un repaso rápido del uso de una hoja de cálculo. Aquí se utiliza la más frecuente en los ordenadores, Excel. Si ya conoces el uso básico de Excel salta esta sección.

1. Abre el programa haciendo clic sobre su icono.

   El programa está organizado en una multitud de celtas que se identifican con la letra de la columna y el número de la fila, en la imagen esta recuadrada la celda C4.

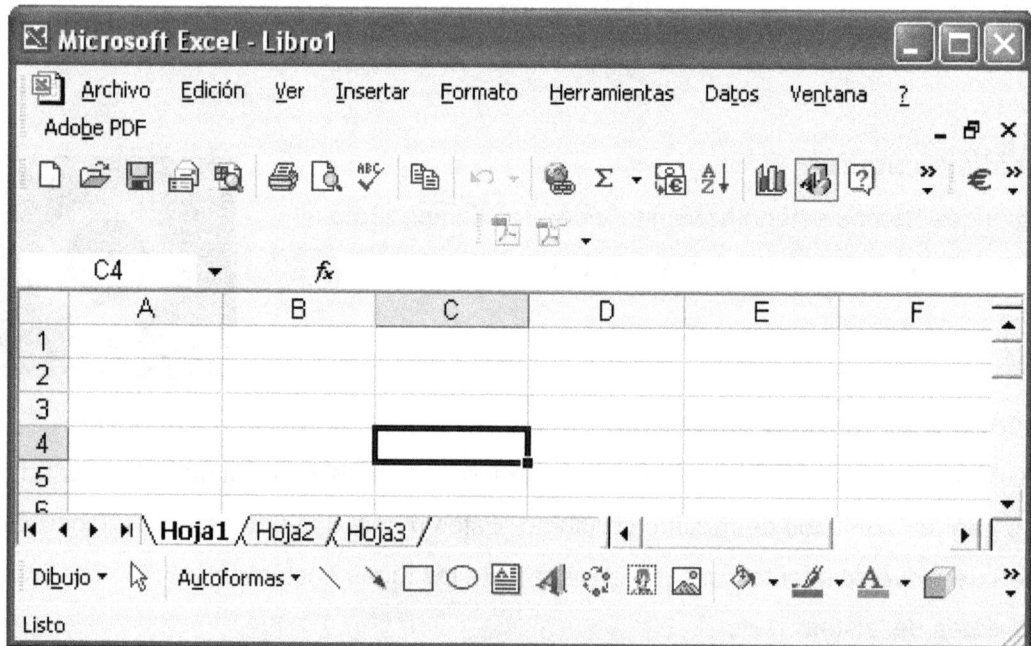

2. Para introducir una cantidad en una celda, coloca el cursor en ella y escribe. Introduce 10 en la celda B2 y 6 en la C2. Al introducir contenido en una celda, aparece en la caja horizontal arriba.

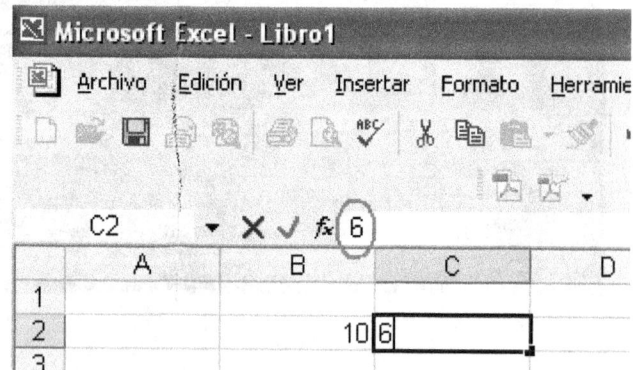

3. Para hacer una operación, pincha la celda donde quieres que aparezca el resultado e introduce el símbolo "=" seguido de la operación. Multiplica las dos celdas anteriores introduciendo "=B2*C2" en la D2. Alternativamente, puedes escribir = y pinchar sobre la B2, escribir un operador y luego pinchar sobre la C2.

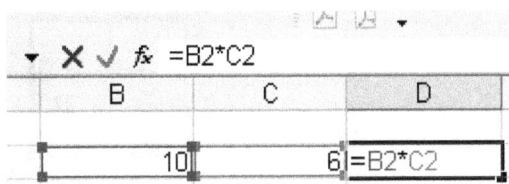

	B	C	D
fx =B2*C2			
	10	6	=B2*C2

4. Imagina que quieres introducir las horas del día en celdas consecutivas. Sería muy cansino. Para acelerar el proceso, escribe 1 y 2. Después selecciona las dos celdas que los contienen. Al colocar el cursor sobre la esquina inferior derecha cambia de forma. Pincha entonces y arrastra. Verás que se van escribiendo números progresivos.

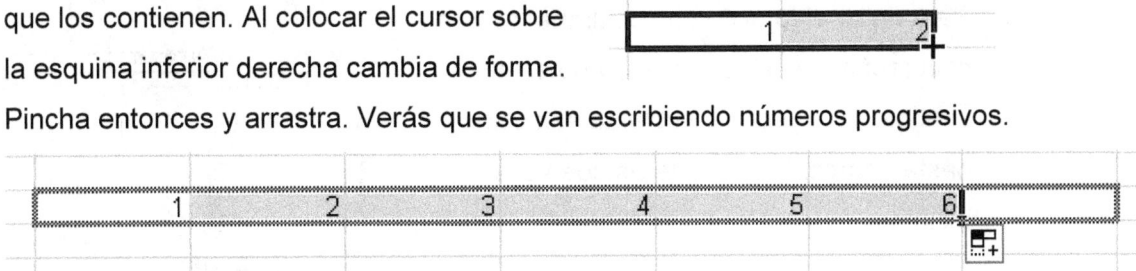

1	2

1	2	3	4	5	6

5. Escribe números cualquiera en las 3 filas siguientes debajo de 10 y 6.

10	6
3	34
12	37
8	3

6. Coloca el cursor sobre la esquina inferior izquierda de la celda D2 y arrastra hacia abajo de manera similar a la descrita en el punto 4. Observa que la fórmula de celda D2 se ha

10	6	60
3	34	102
12	37	444
8	3	24

extendido a las inferiores actualizándose de manera que la celda D3 muestra B3*C3, la D4 muestra B4*C4 y así sucesivamente.

7. Esto que resulta tan cómodo a veces es un incordio. Si deseas multiplicar todos los números de la columna C por B2 no quieres que las fórmulas se actualicen solas. Para evitarlo, coloca signos de $ delante de la fila, de la columna o de ambos según lo que quieras bloquear. En el caso propuesto la fórmula en la celda D4 sería "=$B$2*C2". El resultado usando signos de $ o sin usarlos es bien diferente:

fx =$B$2*C2

	C	D	
10	6	60	
3	34	340	
12	37	370	
8	3	30	

fx =B2*C2

B	C	D	E
10	6	60	
3	34	102	
12	37	444	
8	3	24	

8. Para hallar el total de una columna, coloca el cursor en la celda inferior, y pulsa el símbolo Σ. Puedes cambiar la selección hasta abarcar lo que quieras que vaya incluido.

E	Autosuma	G
10		
3		
12		
8	1	

=SUMA(E2:E5)

SUMA(**número1**; [número2]; …)

Suma

Promedio

Cuenta

Má<u>x</u>

Mín

Más funciones…

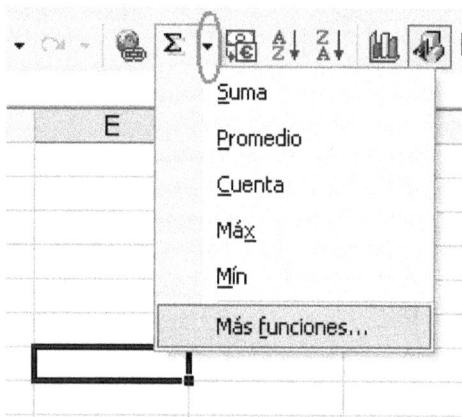

9. Excel tiene muchas funciones. Utilizarás algunas de ellas con cierta frecuencia como las potencias o los logaritmos. Para encontrarlas, pulsa al lado del botón suma y elígelas en el menú desplegable.

Con estos 9 pasos, tienes lo estrictamente necesario para los ejercicios que siguen. Al principio será lioso, pero en cinco minutos de prácticas tendrás suficiente soltura.

Ejercicio 16.   Construyendo un patrón de consumo diario

Se han tomado medidas en 30 puntos de abastecimiento de una red cercana durante las 24 horas del día 18 de Julio de 2007. Construir y aplicar el patrón de consumo al archivo 10.net

	Consumo medido
0:00	1800
1:00	700
2:00	200
3:00	300
4:00	500
5:00	1200
6:00	3000
7:00	8000
8:00	15000
9:00	12000
10:00	6000
11:00	5000
12:00	16000
13:00	23000
14:00	32000
15:00	25000
16:00	11000
17:00	7000
18:00	8000
19:00	9000
20:00	10000
21:00	9000
22:00	7000
23:00	3000

Presta gran atención a este ejercicio, es fundamental para el cálculo con Epanet y en el se introducen conceptos y formas que se utilizarán repetitivamente después.

1. Obtén el consumo total del día sumando los consumos de cada franja horaria:

    1.800 + 700 + 200 + …+3.000 = 213.700 l.

2. Obtén el consumo medio horario dividiendo el total entre 24 horas:

    213.700 l. /   24 horas = 8.904 l/h

3. Obtén el multiplicador de cada hora dividiendo el consumo de la hora en cuestión por el consumo medio:

    0:00 $\rightarrow$ 1.800 / 8.904 = 0,20

    1:00 $\rightarrow$ 700 / 8.904 = 0,08

    2:00 $\rightarrow$ 200 / 8.904 = 0,02

    …..   …..   ……

    23:00 $\rightarrow$ 3.000 / 8.904 = 0,23

4. Para descartar un error, comprueba que la suma de multiplicadores es 24:

    0,2 + 0,08 + … + 0,34 = 24

Aprovecha para hacer hojas de cálculo que puedas reutilizar. Si ahora y en los ejercicios que siguen organizas una colección de hojas de cálculo ganarás mucho tiempo y evitarás errores.

	Consumo medido	Multiplicador
0:00	1800	0,20
1:00	700	0,08
2:00	200	0,02
3:00	300	0,03
4:00	500	0,06
5:00	1200	0,13
6:00	3000	0,34
7:00	8000	0,90
8:00	15000	1,68
9:00	12000	1,35
10:00	6000	0,67
11:00	5000	0,56
12:00	16000	1,80
13:00	23000	2,58
14:00	32000	3,59
15:00	25000	2,81
16:00	11000	1,24
17:00	7000	0,79
18:00	8000	0,90
19:00	9000	1,01
20:00	10000	1,12
21:00	9000	1,01
22:00	7000	0,79
23:00	3000	0,34
TOTAL	213700	24
Consumo medio horario		8904

5. Una vez has construido el patrón mediante el cálculo de multiplicadores, abre el archivo 10.net.

6. Sigue la ruta > Visor /Datos /Curvas de Modulac. El Visor te mostrará que está vacío, que todavía no se ha definido ninguna curva. Para definir una, pulsa el icono Nueva:

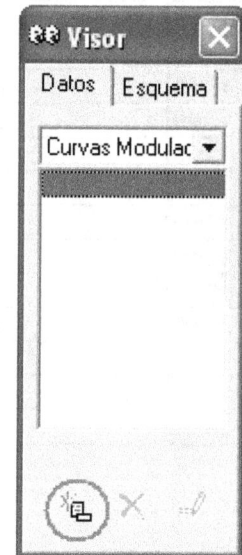

Se abrirá el editor de Curvas de Modulación. Curva de Modulación y patrón de consumo es la misma cosa. Esta manera de proceder será muy similar para establecer otras curvas en Epanet, como curvas de bombas, precios de la energía, etc. Los dos iconos restantes, ahora sombreados, sirven para borrar una curva y para editarla.

7. Introduce los multiplicadores para cada franja horaria. Puedes considerar que el primer multiplicador es el de las 0:00, cómo parece más lógico, o el de la 1:00, como en Epanet. El resultado es el mismo y a efectos de cálculo no hay diferencia.

Editor de Curvas de Modulación

ID Curva Modulac.   Descripción

1

Período	5	6	7	8	9	10	11	12
Multiplicador	0,06	0,13	0,34	0,9	1,68	1,35	0,67	

Media = 0,52

Período (1 Período = 1:00 h)

Cargar...   Guardar...   Aceptar   Cancelar   Ayuda

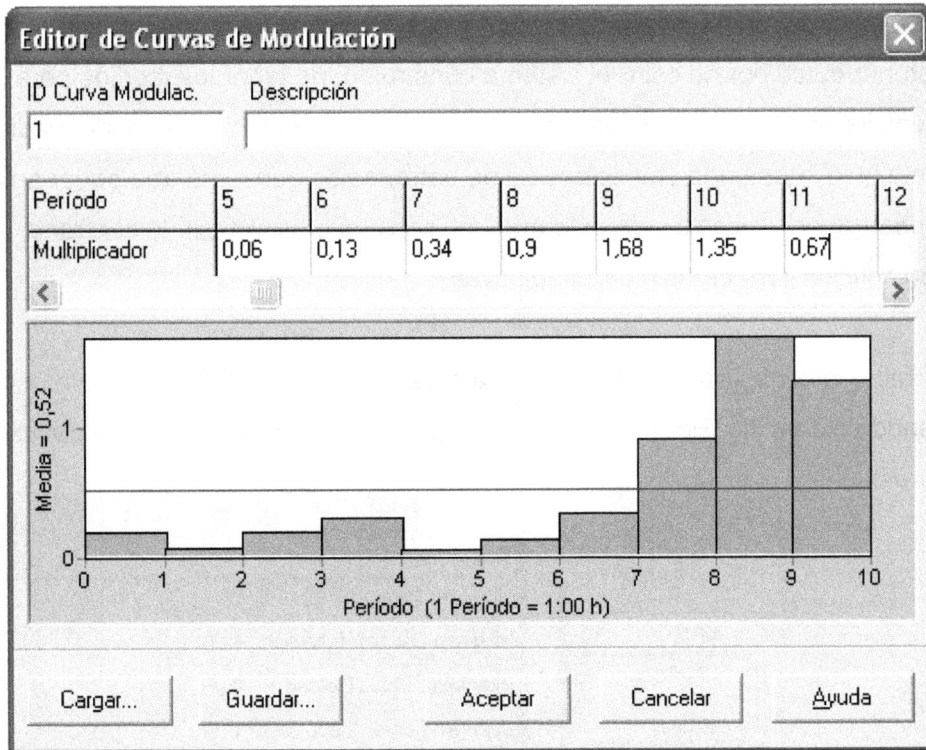

Una vez finalizado, en el editor se muestra la gráfica de la evolución del consumo en barras:

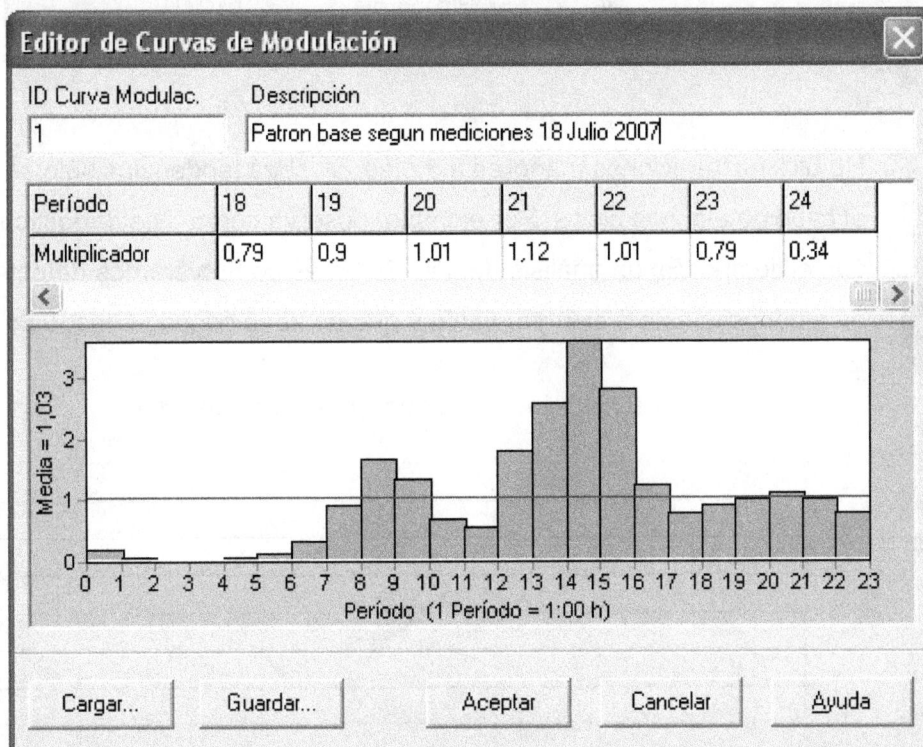

Editor de Curvas de Modulación

ID Curva Modulac.   Descripción

1   Patron base segun mediciones 18 Julio 2007

Período	18	19	20	21	22	23	24
Multiplicador	0,79	0,9	1,01	1,12	1,01	0,79	0,34

Media = 1,03

Período (1 Período = 1:00 h)

Cargar...   Guardar...   Aceptar   Cancelar   Ayuda

8. Guarda el patrón de consumo como **15.pat**. Como es frecuente que no se puedan obtener datos por no estar el sistema construido, no tener los medios para hacer las mediciones o no tener un sistema que funcione correctamente dónde medir, no es mala idea ir teniendo una colección de patrones de consumo que poder aplicar. Sin embargo, no utilices los de este manual, salvo que se indique lo contrario, porque son ficticios para cumplir otros objetivos.

9. Cambia la configuración de Epanet para pasar de un análisis estático a uno de periodo extendido. En > Visor /Datos /Opciones /Tiempo, pon una duración 72 horas:

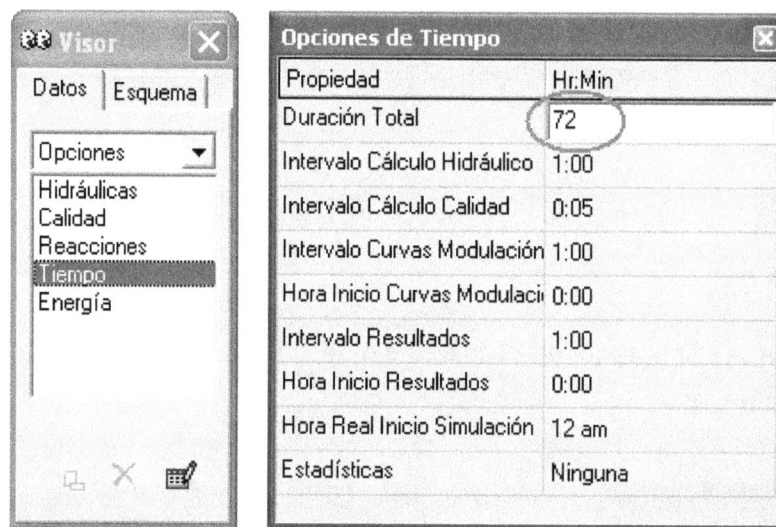

Propiedad	Hr:Min
Duración Total	72
Intervalo Cálculo Hidráulico	1:00
Intervalo Cálculo Calidad	0:05
Intervalo Curvas Modulación	1:00
Hora Inicio Curvas Modulaci	0:00
Intervalo Resultados	1:00
Hora Inicio Resultados	0:00
Hora Real Inicio Simulación	12 am
Estadísticas	Ninguna

No utilices duraciones menores a 3 días. Muchas tendencias sólo se revelan al cabo de algunos ciclos. Por ejemplo, observa como este depósito se vacía con el tiempo. En un análisis de sólo 24 horas no hubiéramos detectado que este depósito estará siempre vacío y que no tiene sentido construirlo.

Evolución del agua en el depósito 4

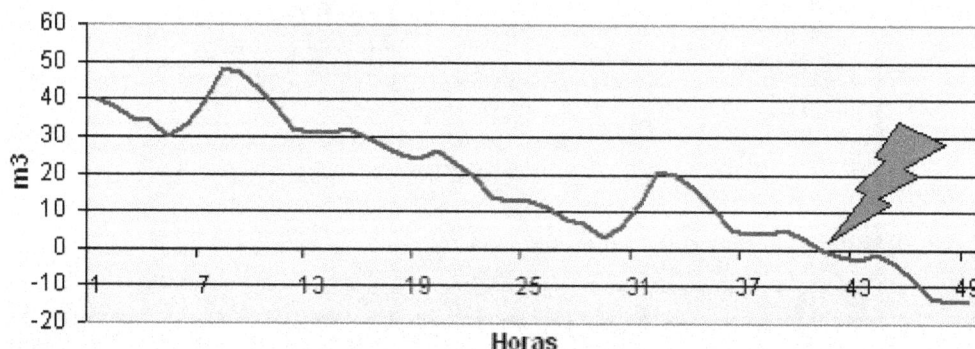

Para evitar tener que pasar muchas pantallas antes de ver la hora pico, la más interesante la mayor parte del tiempo, configura Epanet para que empiece a mostrarte los resultados en esa hora. En el ejercicio y en el mismo menú, selecciona las 14:00:

Opciones de Tiempo

Propiedad	Hr:Min
Duración Total	72
Intervalo Cálculo Hidráulico	1:00
Intervalo Cálculo Calidad	0:05
Intervalo Curvas Modulación	1:00
Hora Inicio Curvas Modulaci	0:00
Intervalo Resultados	1:00
Hora Inicio Resultados	14:00
Hora Real Inicio Simulación	12 am
Estadísticas	Ninguna

Nudo de Caudal E

Propiedad	Valor
*ID Nudo de Caudal	E
Coordenada X	5688,23
Coordenada Y	8126,04
Descripción	
Etiqueta	
*Cota	32
Demanda Base	5
Curva Modul. Demanda	1
Tipos de Demanda	1
Coeficiente del Emisor	

10. Queda por definir que nudos seguirán este patrón. En los nudos, E y G, introduce el nombre del patrón de consumo en Curva Modul. Demanda:

11. Calcula la red. Una vez has tenido en cuenta el pico de consumo diario, y no sólo la demanda media, la red que tan meticulosamente habías optimizado ya no consigue transportar el agua a todos los puntos. Aparecen las presiones negativas.

12. Para visualizar como varía el comportamiento con el tiempo, pulsa avance ▶ en la pestaña Esquema del Visor. Usa los controles como si fueran los de un video.

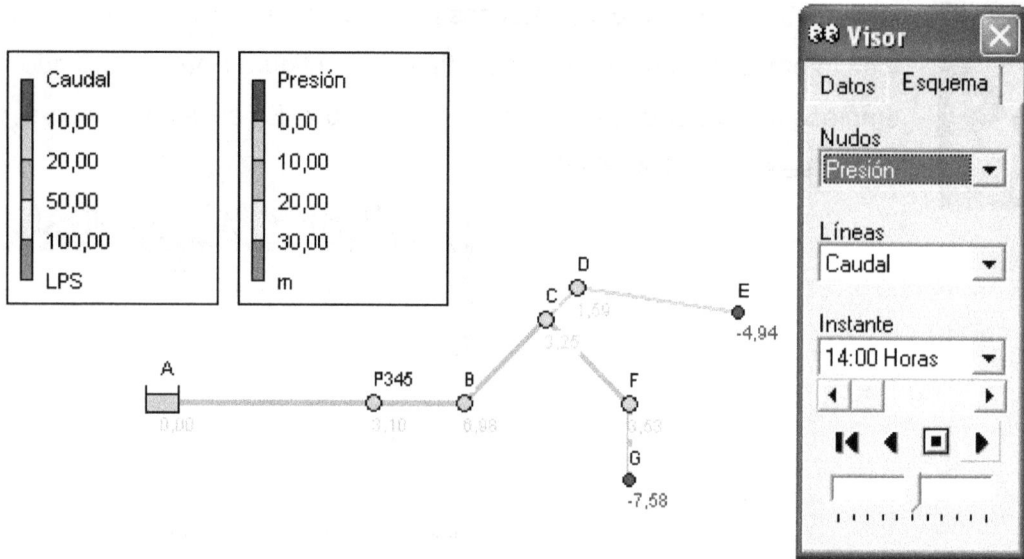

13. Por el momento olvida el resto de horas y concéntrate en optimizar la red para la hora punta, las 14:00. Antes de hacer por tu cuenta los cambios en la red necesarios para que vuelva a estar en el rango correcto de presiones, añade una tubería de B a F:

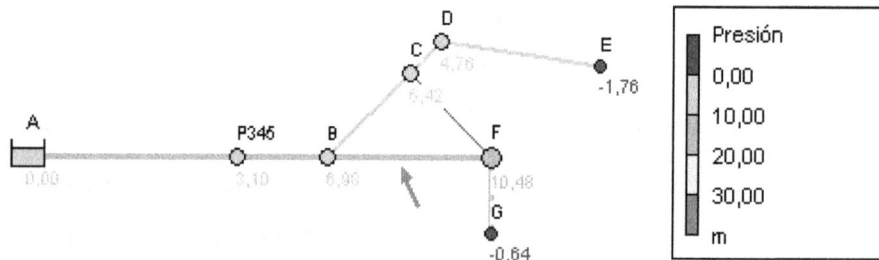

No olvides que para optimizar una red, además de cambiar diámetros, puedes añadir o quitar tuberías, tanques, válvulas, etc.

En este caso se ha añadido una tubería nueva sobre un croquis que no está a escala. Para determinar su longitud, deberías organizar un nuevo estudio topográfico, conseguir el equipo y las personas y esperar a los resultados. Siempre que trabajes en una red en la que planifiques modificaciones de este estilo, procura trabajar sobre una imagen de fondo a escala. Si no la tienes, intenta que el equipo topográfico produzca algo a escala que puedas utilizar o si tienes acceso a un GPS, crearla como se explica en el apartado "Mapas de migas de pan y puntos GPS" de la sección "Dibujando la red", Capítulo 3 del libro de Epanet y Cooperación.

14. Toma como longitud de la nueva tubería 428m y sigue haciendo cambios en la red hasta que a las 14:00h la presión sea mayor a 5m (recuerda que la diferencia de altura con la fuente de agua no permite obtener el valor normal de 10m).

15. Una vez logrado, analiza el envejecimiento. Para ver cuanto tiempo pasa el agua en las tuberías, haz > Visor /Datos /Opciones /Calidad. Elige Tiempo Perm. (tiempo de permanencia) en el menú desplegable.

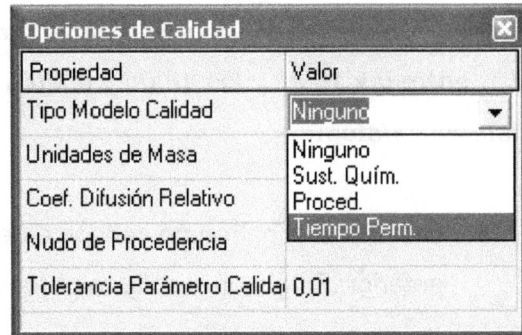

16. Selecciona > Visor / Esquema / Nudos / Tiempo Perm. Pulsa avance en el Visor y observa como va envejeciendo el agua en la red con el tiempo. Al final del periodo de bajo consumo, las 7:00 AM. Se registran los periodos mayores:

Para comprender la importancia del envejecimiento en la calidad del agua y la cloración, lee la sección "¿Qué parámetros de calidad evaluar con Epanet?", Capítulo 5 del libro de Epanet y Cooperación.

Guarda el archivo como **16.net** sin cerrarlo, se usa en el próximo ejercicio.

Ejercicio 17.   Varios consumidores en un nudo

La noticia del proyecto de la red 16, ha estimulado a las autoridades locales a construir una pequeña fábrica de pasta alimenticia en E. Se prevé que consuma 11 metros cúbicos de agua al día, un 20% de los cuales entre las 12:00 y las 16:00, un 50% entre las 16:00 y las 18:00 y el 30% restante a las 18:00. ¿Es necesario ampliar el sistema existente?

1. Construye el patrón de consumo de la fábrica, procediendo como en el ejercicio anterior. Saldrá un resultado parecido a este:

	%	litros	Multiplicador
0:00	0	0	0
1:00	0	0	0
2:00	0	0	0
3:00	0	0	0
4:00	0	0	0
5:00	0	0	0
6:00	0	0	0
7:00	0	0	0
8:00	0	0	0
9:00	0	0	0
10:00	0	0	0
11:00	0	0	0
12:00	5	550	1,2
13:00	5	550	1,2
14:00	5	550	1,2
15:00	5	550	1,2
16:00	25	2750	6
17:00	25	2750	6
18:00	30	3300	7,2
19:00	0	0	0
20:00	0	0	0
21:00	0	0	0
22:00	0	0	0
23:00	0	0	0
TOTAL litros	11.000	11000	24

La forma de construirlo es la siguiente: si entre las 12:00 y las 16:00 hay 4 horas y se consume el 20%, el consumo de cada hora es el 5% del total. Entre las 16:00 y las 18:00 hay dos horas que se reparten el 50% del consumo, 25% cada una de ellas. Tomar el 5% de 11.000 litros (11 m^3) es equivalente a: 11.000 * 0,05 = 550 litros.

La media horaria es 11.000 litros / 24 horas = 458,3 litros/hora

458,3 litros/hora * 1h/3.600s = 0,127 l/s, dato que habrá que introducir en Epanet.

Para calcular los multiplicadores, se divide la media horaria por el consumo de esa hora. Fíjate que como las unidades se van, da igual que compares l/s entre sí, metros cúbicos, arrobas de Villatejeruelo del Paular, o cualquier otra cantidad que se te ocurra.

$$M_{5\%} = 550 \text{ litros} / 458,3 \text{ litros} = 1,2$$
$$M_{25\%} = 2.750 \text{ litros} / 458,3 = 6$$
$$M_{30\%} = 3.300 \text{ litros} / 458,3 = 7,2$$

Estos cálculos, a pesar de los sencillos que son, son más traicioneros que las dobles negaciones o los días que hay entre dos fechas. Es muy buen hábito hacer comprobaciones. En la tabla anterior, se han marcado en rojo dos muy sencillas de hacer: que la suma de multiplicadores es 24 y que el total de litros que aporta cada hora es 11.000. Otra comprobación muy tonta es que si el 5% es 1,2, 5 veces más (25%) será 1,2 * 5 = 6. ¡Estas avisad@!

2. Construye en Epanet el patrón correspondiente, > Visor /Datos /Curvas de Modulac. /Añadir:

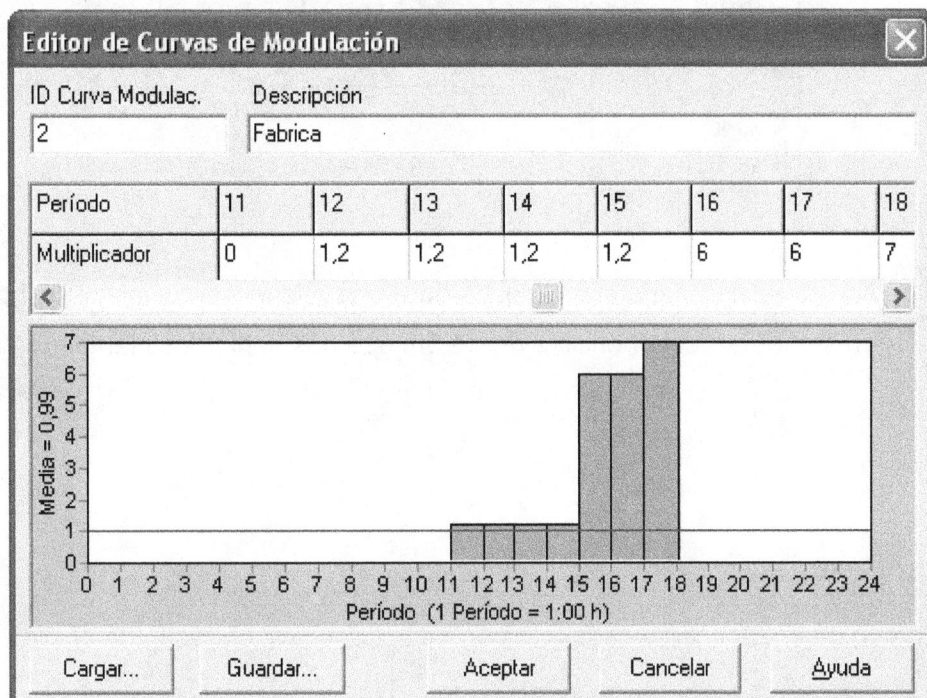

3. Pincha sobre el nudo E para añadir la nueva demanda. Este nudo tendrá un consumo según el patrón 1 de 5 l/s y el consumo de la fábrica, según el patrón 2, de 0,127 l/s. En las propiedades del nudo E, pulsa Tipos de demanda e introduce ambas:

Demandas en el Nudo de Caudal E

	Demanda Base	Curva Modulac.	Tipo Demanda
1	5	1	Población
2	0,127	2	Fábrica
3			
4			
5			
6			

Aceptar   Cancelar   Ayuda

Nudo de Caudal E

Propiedad	Valor
Coordenada Y	8126,04
Descripción	
Etiqueta	
*Cota	32
Demanda Base	5
Curva Modul. Demanda	1
Tipos de Demanda	2 ...
Coeficiente del Emisor	
Calidad Inicial	
Intensidad de la Fuente	

4. Calcula la red y responde a la pregunta del enunciado. Recuerda que tienes que mirar todas las horas. Si te resulta incomodo, desactiva que la hora de inicio de los resultados sea las 14:00.

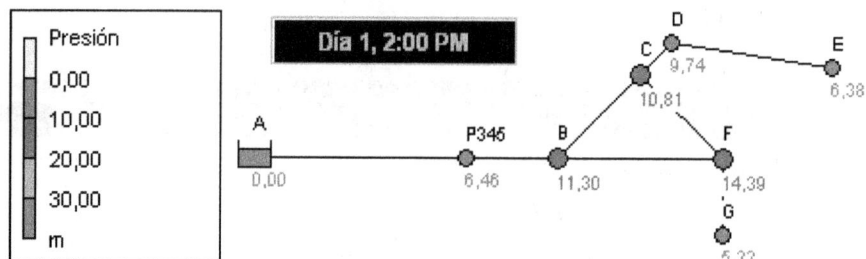

Presión
0,00
10,00
20,00
30,00
m

Día 1, 2:00 PM

D
C 9,74
10,81
E 6,38

A
0,00
P345
6,46
B
11,30
F
14,39
G
5,22

No, no es necesario ampliarlo. La hora pico, sigue siendo las 14:00 horas, y ambas presiones están por encima de los 5m que nos habíamos planteado como mínimo.

Ejercicio 18.   Sin datos

El campo de refugiados de Anagret tiene grandes colas para recoger el agua y la dirección estableció un sistema rotativo de distribución en el que por las mañanas se abastecen unas zonas y por la tarde otras. Después de 3 años, no se prevé el retorno de los refugiados en un futuro cercano y se ha decidido aumentar la producción de agua y el sistema de distribución. Establece un patrón de consumo sobre el que calcular el sistema de distribución.

En este caso, ni hay datos ni hay una posibilidad real de medirlos. La población está acostumbrada a recibir el agua a determinadas horas. Sin embargo, una vez eliminadas las restricciones, empezarán a reajustarse hacia su patrón normal.

1. Establece una hipótesis sobre el consumo. En Cooperación, es frecuente que los consumos tengan dos picos, uno por la mañana donde se consume el 50-60% del agua y otro a media tarde del 25%-35%. Un patrón así construido sería por ejemplo:

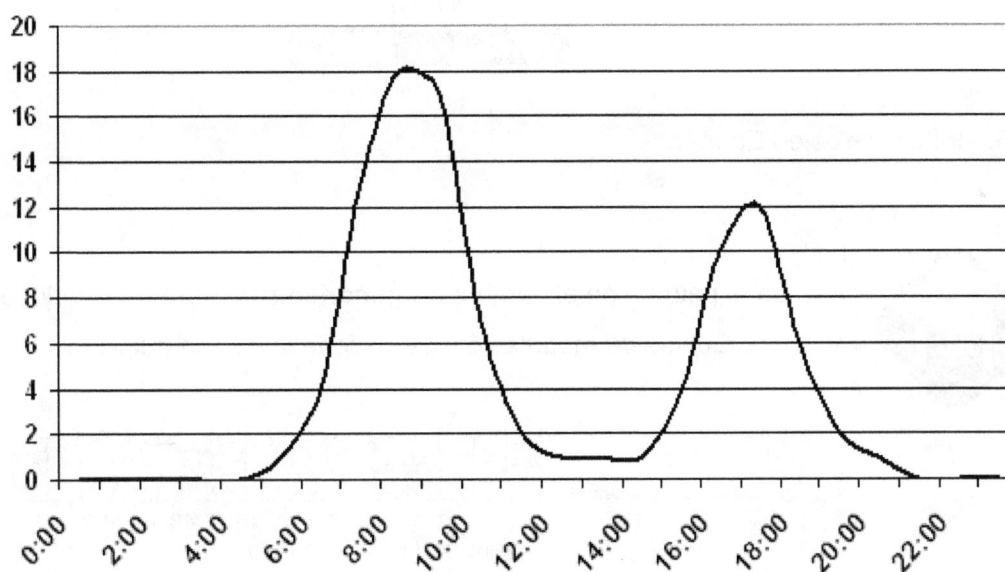

2. Para calcular el patrón de consumo es más sencillo referirse a 100 litros. Así, la conversión de porcentajes a litros es directa, 15% son 15 litros.

    El caudal medio de cada hora sería 100 litros / 24 = 4,16.

Los multiplicadores son:

	%	Multiplicador
0:00	0	0,00
1:00	0	0,00
2:00	0	0,00
3:00	0	0,00
4:00	0	0,00
5:00	1	0,24
6:00	4	0,96
7:00	13	3,12
8:00	18	4,32
9:00	17	4,08
10:00	7	1,68
11:00	2	0,48
12:00	1	0,24
13:00	1	0,24
14:00	1	0,24
15:00	4	0,96
16:00	10	2,40
17:00	12	2,88
18:00	6	1,44
19:00	2	0,48
20:00	1	0,24
21:00	0	0,00
22:00	0	0,00
23:00	0	0,00
TOTAL litros	**100**	24

3. Introdúcelos en Epanet.

Guarda el patrón con el nombre de **generico.pat**. Para guardarlo, en el editor de Curvas de modulación, selecciona la opción guardar.

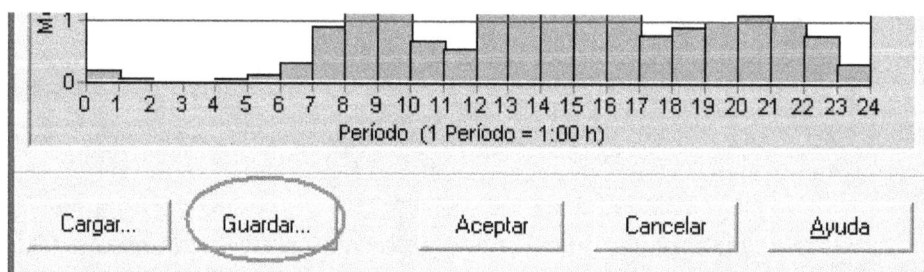

Lee la sección "Cuando no hay datos" del Capítulo 3 del libro Epanet y Cooperación para saber otras maneras de afrontar la falta de datos.

Ejercicio 19.   Evaluación del caudal

Un pequeño asentamiento rural y ganadero tiene una población de 196 personas. Se estima que una familia media está compuesta por 7 personas, 2 vacas y 70 ovejas. No se tienen datos de consumo de las personas, pero se sabe que los animales beben tres horas al amanecer y dos al atardecer. Si el sistema previsto se alimenta de un manantial de 0,5 l/s en su momento menos productivo a 46m de altura: ¿El caudal del manantial es suficiente? ¿Se solucionaría construyendo un depósito? ¿De que tamaño? Se adjunta un plano a escala de la localización.

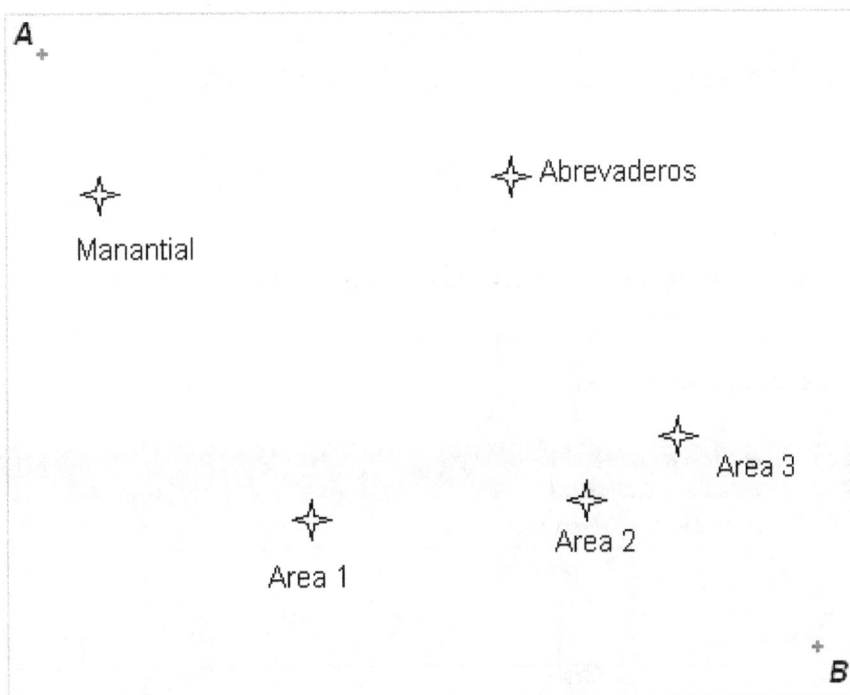

Área 1, 23m y 9 familias   **Coordenadas A: 23 S 410038 8763991**

Área 2, 31m y 15 familias   **Coordenadas B: 23 S 411238 8763091**

Área 3, 27m y 4 familias   **Abrevaderos: 5 a 26m**

1. Calcula la cantidad total consumida por personas y animales.

196 personas / 7 personas/familia = 28 familias.

Tomando una asignación de 30 litros por persona, 20 por vaca y 5 por oveja:

	Familia	Total (x28)	Consumo	Totales
Personas	7	196	30	5880
Vacas	2	56	20	1120
Ovejas	70	1960	5	9800

Animales: 10920 litros/día
Personas: 5880 litros/día

2. Determina posibles patrones. En el caso de los animales, y suponiendo que el consumo total se hace sobre 5 horas homogéneamente:

Consumo medio, 10.920 litros / 24 horas = 455 litros/hora

Caudal medio, 455 litros/hora * 1h/3.600 s = 0,126 l/s

Consumo horas de consumo: 10.920 litros / 5 horas = 2.184 litros

Multiplicador de cada hora de consumo es 2.184 / 455 = 4,8

El patrón de los animales queda:

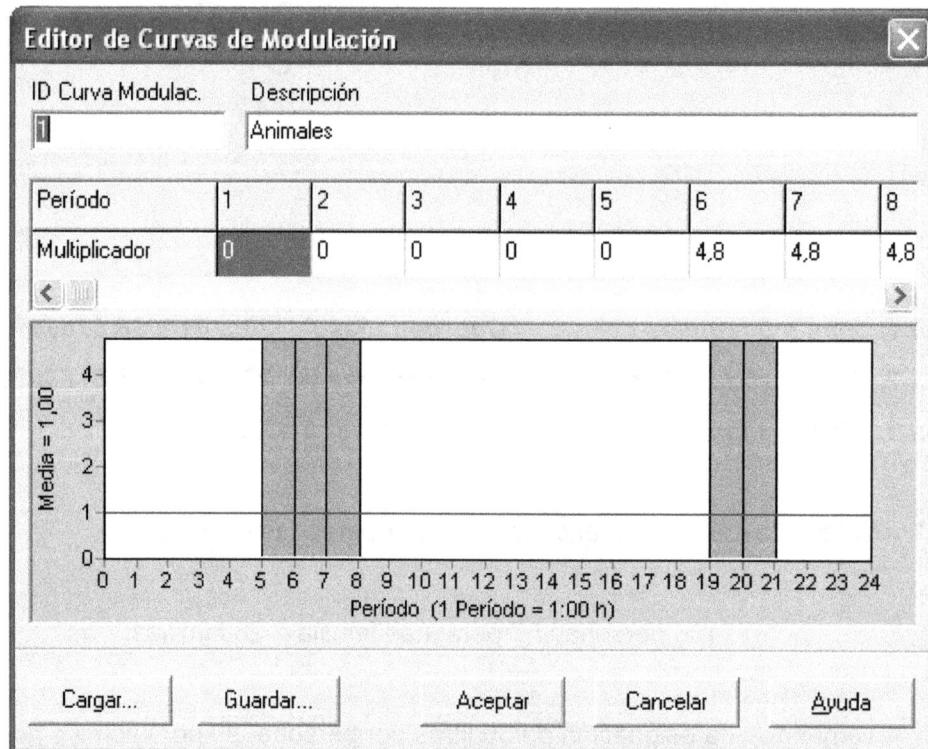

3. A falta de datos sobre la población y en un asentamiento tan pequeño donde la mayor parte de consumidores son animales, utiliza el patrón genérico que construiste en el ejercicio anterior, > Visor /Datos /Curvas Modulación /Añadir /Cargar

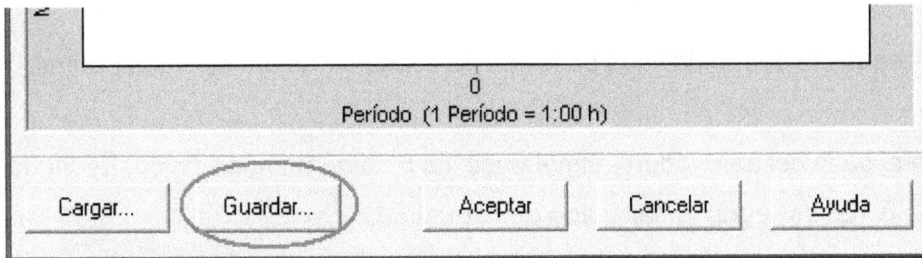

4. Antes de dibujar la red, sigue el ritual de configuración. A partir de ahora, se da por sentado que cada ejercicio se inicia con este ritual.

Descarga el fichero **19.zip** para obtener la imagen.

5. Dimensiona y prepara la imagen. Acuérdate de recortarla por los puntos con coordenadas conocidas y cambiarla a formato .bmp.

> 23 S 410038 8763991
>
> - 23 S 411238 8763091
>
> ----------------------------------
>
> -1.200m x 900m

6. Dibuja la red. ¡Activa la Longitud Automática!

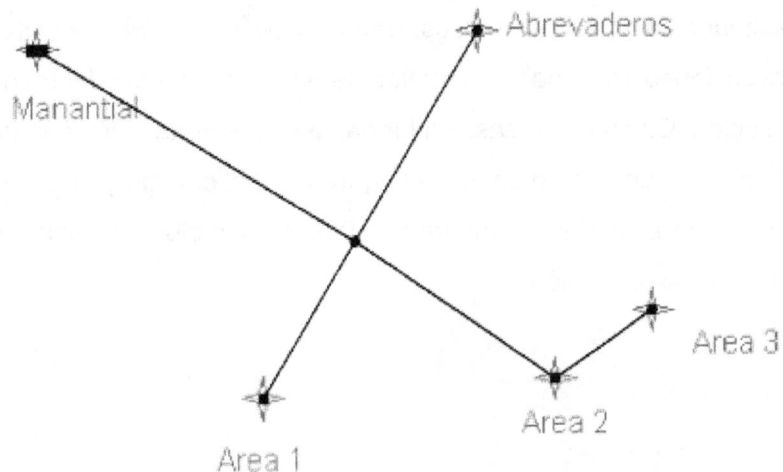

Salvo que se especifique lo contrario, todas las tuberías de los ejercicios de aquí en adelante serán de plástico, el material más común para tuberías de cierto diámetro.

7. Introduce las cotas. Al nudo nuevo que sirve de unión asígnale una cota de 26m.

8. Introduce la demanda y los patrones de consumo de los distintos puntos.

En el caso del abrevadero, simulamos los 5 como un nudo único. El caudal medio era 0,126 l/s según lo calculado en el punto 2.

En el caso de las personas, cada área contribuirá en función del número de familias que contiene. El caudal total es 5.880 litros / 24h*3.600 s = 0,068 l/s. Así,

Área 1 = 0,068 l/s * 9 familias / 28 familias = 0,022 l/s

Área 2 = 0,068 l/s * 15 familias / 28 familias = 0,036 l/s

Área 3 = 0,068 l/s * 4 familias / 28 familias = 0,01 l/s

9. Para responder a la primera pregunta, "¿El caudal del manantial es suficiente?", se debe mirar si en algún momento el caudal de la tubería de salida del embalse es mayor al caudal del manantial. Para ello, pasa a análisis en periodo extendido con una duración de 24 h > Visor /Datos / Opciones /Tiempo y vuelve a calcular la red.

Quizás la forma más rápida de ver si el caudal sobrepasa 0,5 l/s es mediante una gráfica de caudal vs. tiempo. Pulsa el icono Gráficos:

En el menú que sale, tienes todas las opciones de Epanet para representar resultados en forma de gráficos. Son muy sencillas y no necesitan grandes explicaciones. Para hacer el gráfico de evolución del caudal marca Curva de Evolución, Caudal y Líneas. En Líneas a Representar añade la tubería que salga del embalse en tu modelo. La configuración del diálogo y el resultado se muestra a continuación. La línea intermitente a 0,5 l/s no la dibuja Epanet, es un añadido para facilitar la visualización.

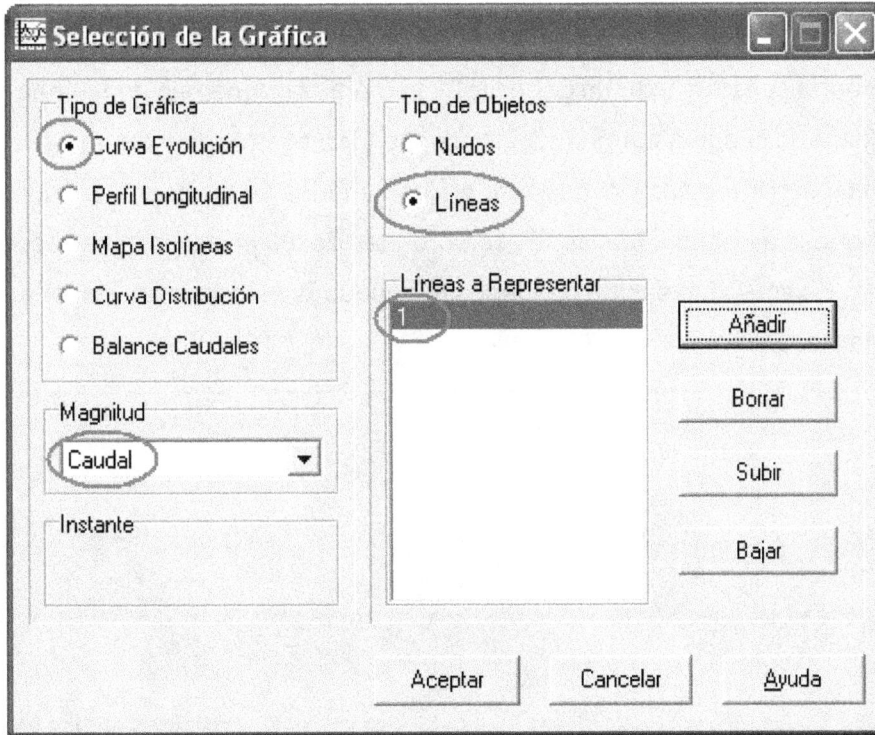

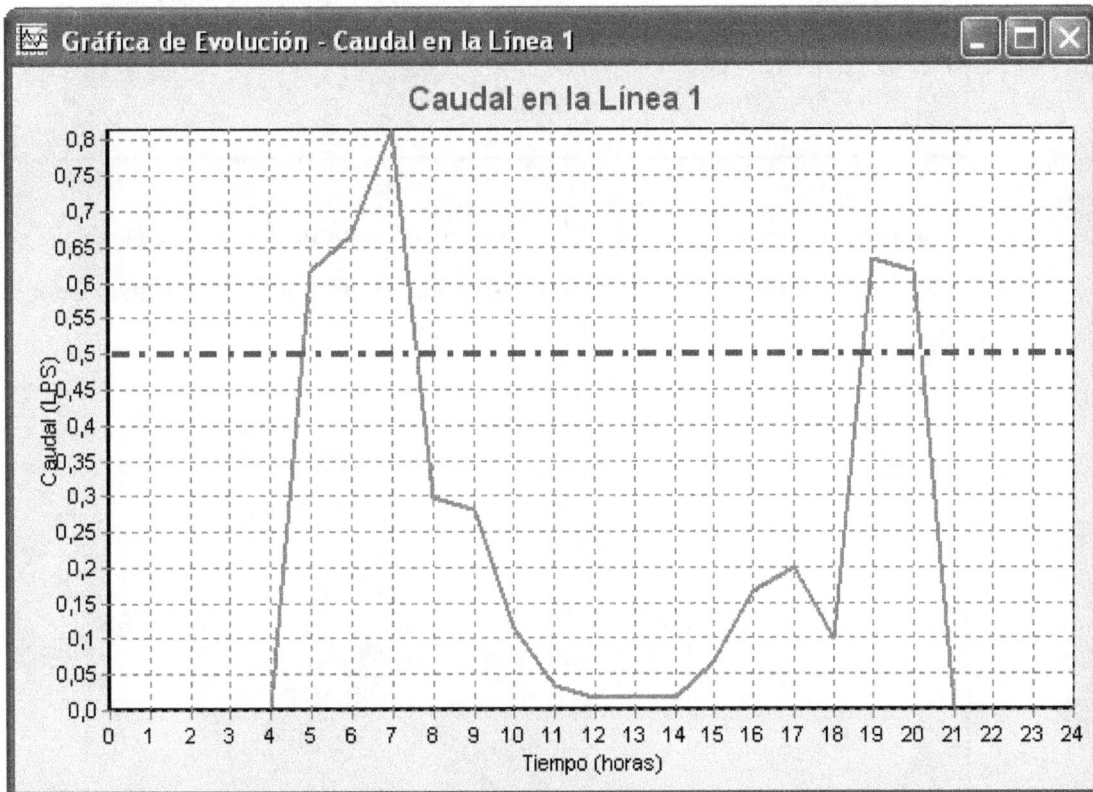

La respuesta es que NO. Desde un poco antes de las 5:00 hasta las 7:40 hay déficit de agua y de 18:40 a 20:20 también.

Esta gráfica es muy interesante y va a responder a la segunda pregunta, "¿Se solucionaría construyendo un depósito?". Las áreas por debajo de la línea punteada y por fuera de la curva patrón (azul) corresponden con el volumen de agua del manantial que iría a parar al depósito en los periodos en los que el consumo es menor que la demanda. Las zonas sombreadas de los picos (rojo) corresponden al volumen de agua que saldría del depósito cuando la demanda es mayor que lo que el manantial produce.

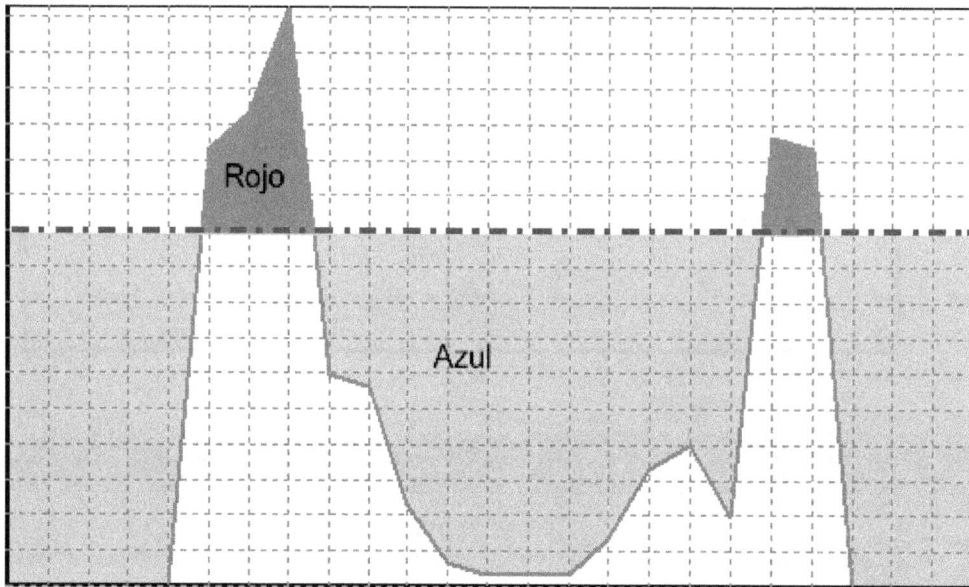

Si la zona azul es mayor que los picos en rojo la fuente de agua es suficiente, sólo hay que almacenar en los periodos de menor consumo para los de mayor consumo colocando un depósito.

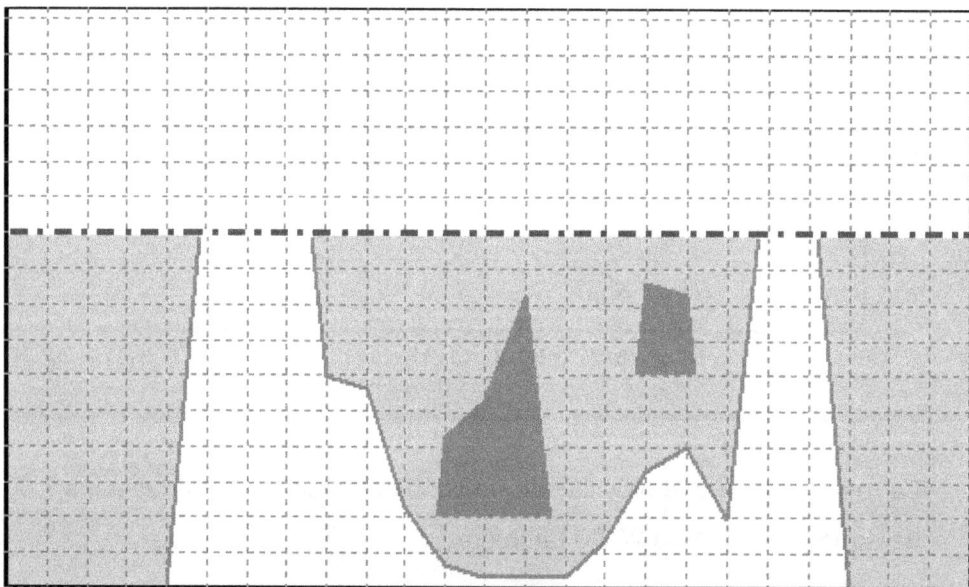

La manera matemática de responder a la segunda cuestión es restar el consumo total de la producción total:

0,5 l/s * 24h * 3.600 s/h = 43.200 l – (10.920+5.880)l = 26.400 litros de superhabit

Se solucionaría construyendo un depósito.

10. La tercera respuesta puedes responderla matemáticamente o a través de un proceso de ensayo y error con Epanet. Coloca un depósito al lado del embalse con una cota ligeramente inferior a la altura máxima del depósito para permitir el flujo del agua, por ejemplo, 40m.

11. Calcula la red.

12. Haz una gráfica de la evolución del volumen almacenado en el depósito. Para hacerlo, pincha una vez en él para señalarlo y pulsa el icono Gráficos. Allí selecciona el parámetro altura.

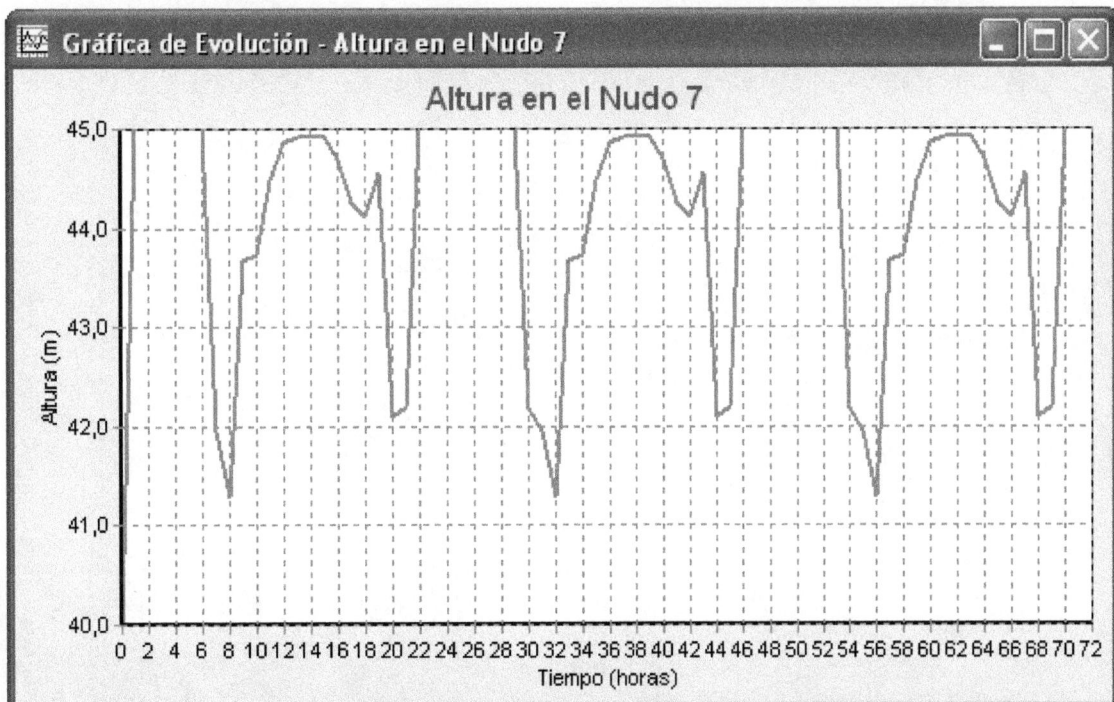

Repitiendo este proceso modificando las propiedades del depósito y evitando errores en la simulación, puedes concluir el tamaño del depósito. Pero permíteme dejarlo aquí.

En mi modesta opinión, intentar calcular todo con Epanet es una de las mayores pérdidas de tiempo en las que te puedes ver envuelto. A medida que aumenta la complejidad el sistema es cada vez más difícil de equilibrar. En la mayoría de casos en Cooperación, es mucho más rápido, directo y menos propenso a error calcular el tamaño de depósitos, bombas, etc. *a mano*.

En la siguiente sección se ve como calcularlos.

Calculando el tamaño de un depósito

Para determinar que volumen de agua será necesario almacenar, se hace un balance de entradas y salidas en las distintas horas del día. Restando el valor del déficit máximo acumulado al superávit máximo acumulado se obtiene el volumen necesario. Para el caso del ejercicio anterior:

1. Calcula los consumos horarios de cada tipo de consumidor (animales y personas) y súmalos en una tercera columna. Los consumos totales de cada hora, se calculan multiplicado el multiplicador de la hora por el volumen medio diario. Por ejemplo, a las 5:00 las personas consumirán: 0,24 * 245 litros = 59 litros

Consumo medio personas	245	Litros/h
Consumo medio animales	455	Litros/h
Produccion media	1800	Litros/h

	Mult.	Personas	Mult.	Animales	Cons. Total
0:00	0,00	0	0,00	0	0
1:00	0,00	0	0,00	0	0
2:00	0,00	0	0,00	0	0
3:00	0,00	0	0,00	0	0
4:00	0,00	0	0,00	0	0
5:00	0,24	59	4,80	2184	2243
6:00	0,96	235	4,80	2184	2419
7:00	3,12	764	4,80	2184	2948
8:00	4,32	1058	0,00	0	1058
9:00	4,08	1000	0,00	0	1000
10:00	1,68	412	0,00	0	412
11:00	0,48	118	0,00	0	118
12:00	0,24	59	0,00	0	59
13:00	0,24	59	0,00	0	59
14:00	0,24	59	0,00	0	59
15:00	0,96	235	0,00	0	235
16:00	2,40	588	0,00	0	588
17:00	2,88	706	0,00	0	706
18:00	1,44	353	0,00	0	353
19:00	0,48	118	4,80	2184	2302
20:00	0,24	59	4,80	2184	2243
21:00	0,00	0	0,00	0	0
22:00	0,00	0	0,00	0	0
23:00	0,00	0	0,00	0	0
TOTAL litros	24	5880	24	10920	

2. La producción es mayor que el consumo como hemos visto anteriormente. El depósito se llenará y luego dejará que el agua sobrante se pierda. Para ver el número de horas de "conexión al manantial" se divide el consumo total por el caudal horario de la fuente: 16.800 litros / 1.800 litros/hora = 9,33 horas.

A continuación se pondrá en la columna de producción nueve celdas con 1.800 y en una décima la tercera parte de 1.800, 600. En cierto modo, estamos pretendiendo que se bombea durante 9,33 horas 0,5 l/s. Empieza rellenando aquellas celdas que coincidan con un consumo elevado.

En que hora del día pongas las entradas condiciona el tamaño del depósito. Cuando el agua entra cuando más se consume, se necesita almacenar menos y los depósitos resultantes son más pequeños. Si almacena agua cuando no se consume, el depósito tendrá que ser del volumen total que se consume.

	Personas	Animales	Cons. Total	Produccion	Balance	TOTAL
0:00	0	0	0	0	0	0
1:00	0	0	0	0	0	0
2:00	0	0	0	0	0	0
3:00	0	0	0	0	0	0
4:00	0	0	0	0	0	0
5:00	59	2184	2243	1800	-443	-443
6:00	235	2184	2419	1800	-619	-1062
7:00	764	2184	2948	1800	-1148	-2210
8:00	1058	0	1058	1800	742	-1469
9:00	1000	0	1000	1800	800	-668
10:00	412	0	412	600	188	-480
11:00	118	0	118	0	-118	-598
12:00	59	0	59	0	-59	-656
13:00	59	0	59	0	-59	-715
14:00	59	0	59	0	-59	-774
15:00	235	0	235	0	-235	-1009
16:00	588	0	588	1800	1212	203
17:00	706	0	706	1800	1094	1297
18:00	353	0	353	0	-353	944
19:00	118	2184	2302	1800	-502	443
20:00	59	2184	2243	1800	-443	0
21:00	0	0	0	0	0	0
22:00	0	0	0	0	0	0
23:00	0	0	0	0	0	0
TOTAL litros	5880	10920			0	

El volumen del depósito es la resta al volumen acumulado máximo, 1.297 litros, del mínimo, -2.210 litros:

$$1.297 \text{ litros} - (-2.210 \text{ litros}) = 3507 \text{ litros}.$$

A esta cantidad habría que añadirle reserva de incendios, almacenamiento para contingencias, etc. si así se considerara. Fíjate lo que ocurre si se colocan las entradas en los momentos de menor consumo:

	Personas	Animales	Cons. Total	Produccion	Balance	TOTAL
0:00	0	0	0	1800	1800	1800
1:00	0	0	0	1800	1800	3600
2:00	0	0	0	1800	1800	5400
3:00	0	0	0	1800	1800	7200
4:00	0	0	0	1800	1800	9000
5:00	59	2184	2243	0	-2243	6757
6:00	235	2184	2419	0	-2419	4338
7:00	764	2184	2948	0	-2948	1390
8:00	1058	0	1058	0	-1058	331
9:00	1000	0	1000	0	-1000	-668
10:00	412	0	412	0	-412	-1080
11:00	118	0	118	0	-118	-1198
12:00	59	0	59	0	-59	-1256
13:00	59	0	59	600	541	-715
14:00	59	0	59	0	-59	-774
15:00	235	0	235	0	-235	-1009
16:00	588	0	588	1800	1212	203
17:00	706	0	706	0	-706	-503
18:00	353	0	353	0	-353	-856
19:00	118	2184	2302	0	-2302	-3157
20:00	59	2184	2243	0	-2243	-5400
21:00	0	0	0	1800	1800	-3600
22:00	0	0	0	1800	1800	-1800
23:00	0	0	0	1800	1800	0
TOTAL litros	5880	10920			0	

En este caso, el volumen sería: 9.000 litros – (-5.400 litros) = 14.400 litros, mucho mayor.

Si utilizaste una hoja de cálculo de manera organizada, ya tienes la plantilla para la próxima vez.

Ejercicio 20.   Escudriñando el futuro

Los datos del censo de 1997 indican que la población de Mtala era 12.321 personas. En el censo de este año, 2007, la población actual es 17.544 personas. Si planificaras un sistema para Mtala con un periodo de diseño de 30 años, ¿para qué población lo harías? Compara los resultados de las distintas fórmulas de proyección.

1. Calcula la tasa anual de crecimiento:

    100* (17.544 personas- 12.321 personas) / 10 años * 12.321 personas = 4,2 % anual.

2. Aplica la fórmula de proyección geométrica:

    $$Pf = P_o (1+ i/100)^t = 17.544 (1+ 0,042)^{30} = 60.278 \text{ habitantes}$$

3. La comparación de las distintas fórmulas:

Aritmetica	39649
Geometrica	60278
Exponencial	61850

A modo de ejemplo, esta es la comparación de fórmulas para otra población donde se observa también el gran salto que hay entre la aritmética y las demás.

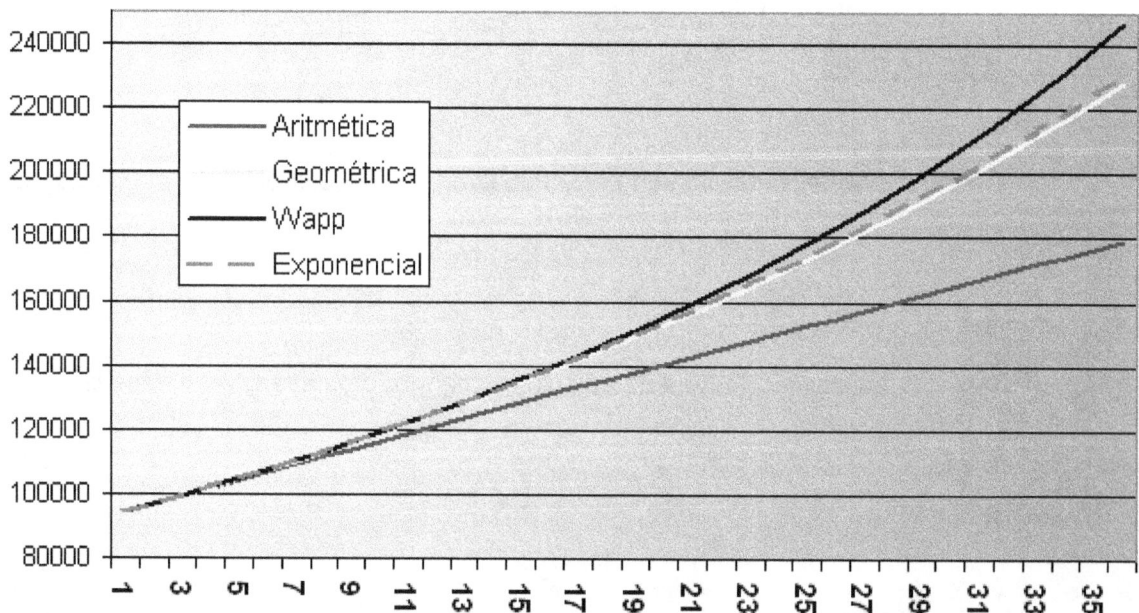

Ejercicio 21.   Densidades tope

La manzana UV39 es una zona pobre de Santa Cruz poblada recientemente, en lo que antes eran campos de cultivo entre el aeropuerto y la zona industrial. El tamaño medio de la familia es de 6 personas ¿Qué población de diseño utilizarías si el sistema se planifica a 30 años teniendo en cuenta los datos del último censo?

A99	A104	A109	A114
A100	A105	A110	A115
A101	A106	A111	A116
A102	A107	A112	A117
A103	A108	A113	A118

Plano de la Manzana 39

Parcelas	Familias	Tasa crec.
A99	36	1,920
A100	35	2,850
A101	33	2,800
A102	36	0,960
A103	34	1,910
A104	36	1,500
A105	35	1,350
A106	32	2,580
A107	36	1,700
A108	36	0,460
A109	10	10,100
A110	9	17,490
A111	29	3,690
A112	35	1,350
A113	36	1,200
A114	12	11,320
A115	3	11,830
A116	4	15,440
A117	9	10,600
A118	8	15,200

Fuente: Censo 2005

En este problema podrías seguir dos planteamientos, ambos basan en que las poblaciones tienen un tope población. El primero, más sencillo y menos preciso se describe en este ejercicio.

A medida que aumenta la densidad cae la motivación para habitar una zona. Mirando el cuadro y viendo las tasas de crecimiento, se observa que muchas cuadrículas están en el valor 36.

Descarga el archivo **21.zip** para no tener que copiar todos los datos.

1. Deduce cual puede ser el valor tope. Es buena idea discutir con la población de la zona si piensan que están aglomerados o no para evitar falsos topes demasiado bajos. Podemos tomar, por ejemplo, el valor 36 familias por parcela como tope.

2. Deduce la cantidad total de personas, suponiendo que todas las parcelas están pobladas con esta densidad.

$$20 \text{ parcelas} * 36 \text{ familias/parcela} * 6 \text{ personas / familia} = 4.320 \text{ personas.}$$

3. Si hubieras utilizado la fórmula geométrica en este caso, usando por ejemplo la media de las tasas de crecimiento, 5,8%, el resultado hubiera sido 16.412 personas, 3,8 veces mayor. Esto se debe a que las zonas de nueva ocupación tienen tasas de crecimiento muy dispares. Para hallar la media, se usa la función PROMEDIO() en Excel.

No olvides dedicar siempre especial atención a las dinámicas de población. En este caso, las parcelas menos pobladas se concentran en un área:

A99	A104	A109	A114
A100	A105	A110	A115
A101	A106	A111	A116
A102	A107	A112	A117
A103	A108	A113	A118

Investigando la causa, puede ser simplemente una cuestión de acceso a servicios, pero también puede ser que la zona marcada se inunde periódicamente o incluso esté minada. Construir servicios alienta el asentamiento y se debe prestar especial atención a que no sean zonas peligrosas.

Ejercicio 22.   Regresión

Repite el ejercicio anterior intentando sacar una conclusión sobre como varía la tasa de crecimiento respecto a la densidad.

Nuevamente se basa en la idea de que la tasa de crecimiento irá descendiendo a medida que aumenta la densidad. Para comprobar que esto ocurre, usamos una técnica estadística llamada regresión. Búscala en la Wikipedia o en Google para más información.

Aunque es muy sencilla de realizar a mano, es algo laboriosa. Utilizaremos la hoja de cálculo.

1. Selecciona las columnas familia y tasa de crecimiento como si fueras a copiarlas.

2. Crea una gráfica de dispersión pulsando el icono Asistente para gráficos 📊 y señalando las siguientes opciones:

Parc.	Fam.	T. crec.
A99	36	1,920
A100	35	2,850
A101	33	2,800
A102	36	0,960
A103	34	1,910
A104	36	1,500
A105	35	1,350
A106	32	2,580
A107	36	1,700
A108	36	0,460
A109	10	10,100
A110	9	17,490
A111	29	3,690
A112	35	1,350
A113	36	1,200
A114	12	11,320
A115	3	11,830
A116	4	15,440
A117	9	10,600
A118	8	15,200

Asistente para gráficos - paso 1 de 4: tipo de gráfico

Tipos estándar | Tipos personalizados

Tipo de gráfico:
- Columnas
- Barras
- Líneas
- Circular
- XY (Dispersión)
- Áreas
- Anillos
- Radial
- Superficie
- Burbujas

Subtipo de gráfico:

Dispersión. Compara pares de valores.

Presionar para ver muestra

Cancelar   < Atrás   Siguiente >   Finalizar

3. Pulsa siguiente repetidamente hasta obtener una gráfica similar a esta:

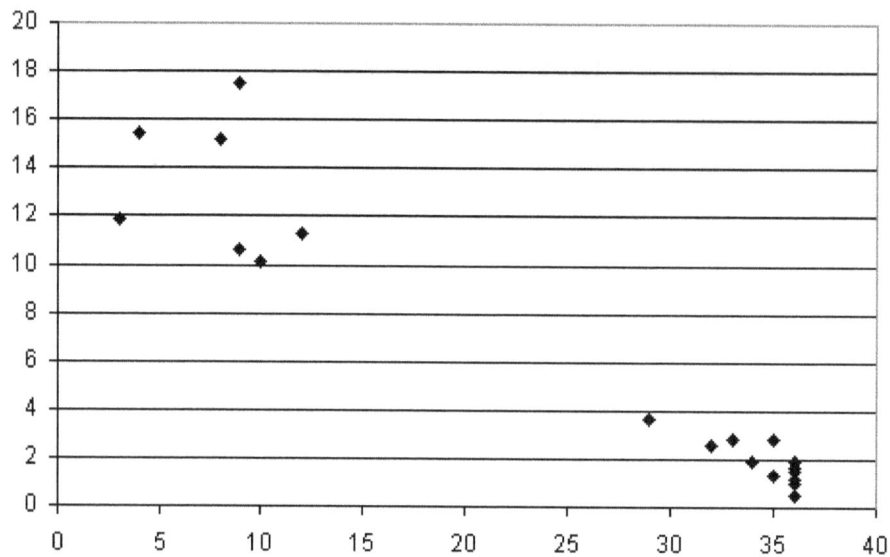

4. Añade una línea de tendencia. Señala la gráfica para que aparezca la opción Gráfico y sigue la ruta > Gráfico /Agregar línea de tendencia. Selecciona Lineal en el diálogo que se abre:

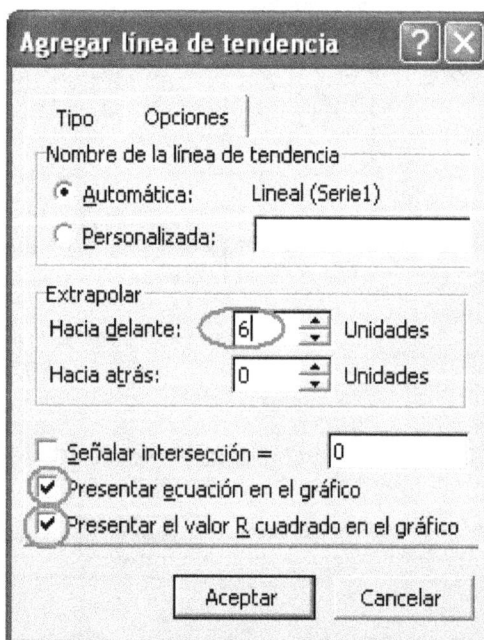

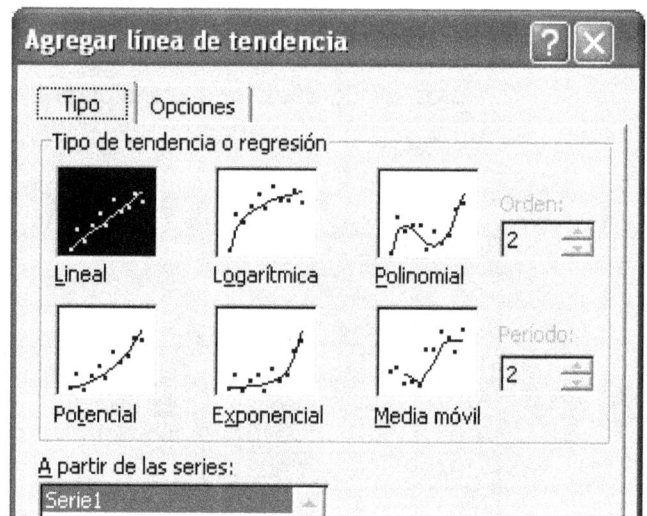

5. En la pestaña Opciones selecciona Presentar ecuación en el gráfico y Presentar el valor de R cuadrado en el gráfico. Señala también extrapolar hacia adelante para lograr que la línea de tendencia corte el eje X.

El punto de corte, en el que la tasa de crecimiento es 0, nos da el valor de densidad tope.

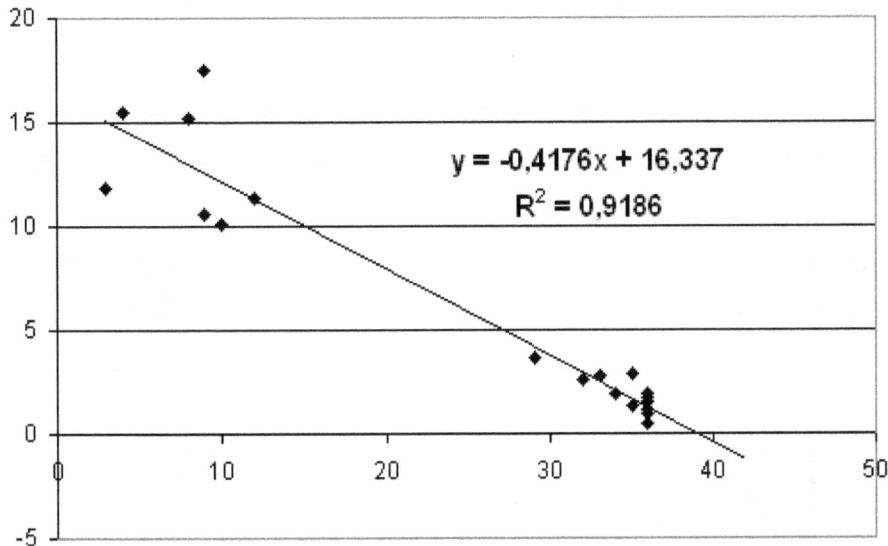

Este punto también se puede obtener utilizando la ecuación de regresión:

$$Y = -0,4176x + 16,337$$
$$0 = -0,4176x + 16,337 \rightarrow x = 16,337/0,4176 = 39,12 \text{ familias/lote}$$

El valor de R^2 es una medida de la fuerza de la relación entre las dos variables. Si es 0, las variables son independientes y cuanto más cercano el valor a 1 o -1 más fuerte es la dependencia entre variables. Un valor absoluto de 0,8 o mayor es una buena aproximación.

6. La población de cálculo es:

20 parcelas * 39,12 familias/parcela * 6 personas / familia = 4.695 personas.

Observa que el valor es más lógico que el obtenido con una progresión geométrica.

Nota: siendo estrictos habría que hacer una ANOVA de las tasas de crecimiento y una estadística un poco más complicada. Sin embargo, liaría bastante las cosas sin grandes beneficios. Simplemente asegúrate que no haces este proceso si tienes menos de 10 parejas de datos.

Ejercicio 23.   Computando variaciones temporales

El miércoles 16 de Septiembre se han realizado una serie de medidas a intervalos de una hora en 39 contadores individuales en una población cercana a la ampliación prevista. Durante cada día de esa semana se han registrado los volúmenes de salida diarios del depósito principal. Por último, se han obtenido datos de la facturación mensual de los últimos 5 años. Con los resultados resumidos a continuación, determinar cuál es la demanda base a repartir entre los nudos y el patrón de consumo a aplica si la población es de 43.000 personas y se estima un consumo de 50 l/hab.

Hora	Valor
0:00	200
1:00	200
2:00	300
3:00	400
4:00	700
5:00	1000
6:00	4000
7:00	7000
8:00	10000
9:00	9000
10:00	3000
11:00	4000
12:00	4000
13:00	5000
14:00	9000
15:00	11000
16:00	11000
17:00	4000
18:00	2000
19:00	3000
20:00	4000
21:00	2000
22:00	700
23:00	500

Día	Valor
Lunes	86
Martes	67
Miercoles	96
Jueves	91
Viernes	82
Sabado	101
Domingo	116

Mes	Valor
Enero	75
Febrero	63
Marzo	74
Abril	63
Mayo	89
Junio	97
Julio	100
Agosto	99
Septiembre	90
Octubre	78
Noviembre	76
Diciembre	81

Descarga el fichero **23.zip** para obtener los datos y la red.

1. Calcula el patrón de consumo según lo visto en los ejercicios previos a partir de los datos del fichero **23.xls**. Abre el fichero **23.net**, introdúcelo dentro de las curvas de modulación y guárdalo con el nombre **23.pat**.

0:00	200	0,05
1:00	200	0,05
2:00	300	0,08
3:00	400	0,10
4:00	700	0,18
5:00	1000	0,25
6:00	4000	1,00
7:00	7000	1,75
8:00	10000	2,50
9:00	9000	2,25
10:00	3000	0,75
11:00	4000	1,00
12:00	4000	1,00
13:00	5000	1,25
14:00	9000	2,25
15:00	11000	2,75
16:00	11000	2,75
17:00	4000	1,00
18:00	2000	0,50
19:00	3000	0,75
20:00	4000	1,00
21:00	2000	0,50
22:00	700	0,18
23:00	500	0,13
Total	96000	4000 **Media**

2. Calcula el coeficiente semanal. Para ello, toma el valor del día de la medida y aquel que sea mayor. Si el día de la medida es el mayor este coeficiente es 1 y no cambiarían los resultados.

$M_{medida} = M_{miércoles} = 96$

$V_{Max} = V_{domingo} = 116$

$C_{semanal} = 116/ 96 = 1,208$. Aproximadamente 1,21.

Lunes		86	1,35
Martes		67	1,73
Miercoles		96	**1,21**
Jueves		91	1,27
Viernes		82	1,41
Sabado		101	1,15
Domingo		116	1,00

No hace falta que calcules el resto de días. Lo importante es que tienes que aumentar un 21% las medidas del miércoles para pasarlas al día de más consumo. El coeficiente de los otros días se muestra por si quisieras hacer más ejercicios.

3. Repite el proceso para averiguar el coeficiente mensual.

$$M_{medida} = M_{septiembre} = 90$$
$$V_{Max} = V_{julio} = 100$$
$$C_{mensual} = 100/90 = 1,11$$

Enero		75	1,33
Febrero		63	1,59
Marzo		74	1,35
Abril		63	1,59
Mayo		89	1,12
Junio		97	1,03
Julio		100	1,00
Agosto		99	1,01
Septiembre		90	**1,11**
Octubre		78	1,28
Noviembre		76	1,32
Diciembre		81	1,23

4. Determina el coeficiente por consumo no medido. A falta de datos sobre conexiones ilegales, y suponiendo la red bien mantenida, podemos usar un 20%, 1,2.

5. Calcula el coeficiente global sin el coeficiente diario:

$$C_g' = Cs * Cm * Cnm = 1,21 * 1,11 * 1,2 = 1,61$$

6. La demanda media a repartir entre los nudos presentes es:

43.000 hab * 50 l/hab *1,61 / (24 horas * 3.600 s/h) = 40,09 l/s

Guarda el archivo de Epanet como **23.net** y déjalo abierto para el próximo ejercicio.

Ejercicio 24.   Asignación total

Asigna el consumo medio del ejercicio anterior a los nudos de la red 23.net, teniendo en cuenta que cada nudo cubre aproximadamente la misma área. El agua se bombea desde un río un depósito que se ha representado como un tanque. Optimiza la red.

Observa el fichero 23.net. La red esta dibujada en forma de croquis sin perder tiempo en hacerlo regular y bonito, pero todas las distancias entre tuberías son 100m.

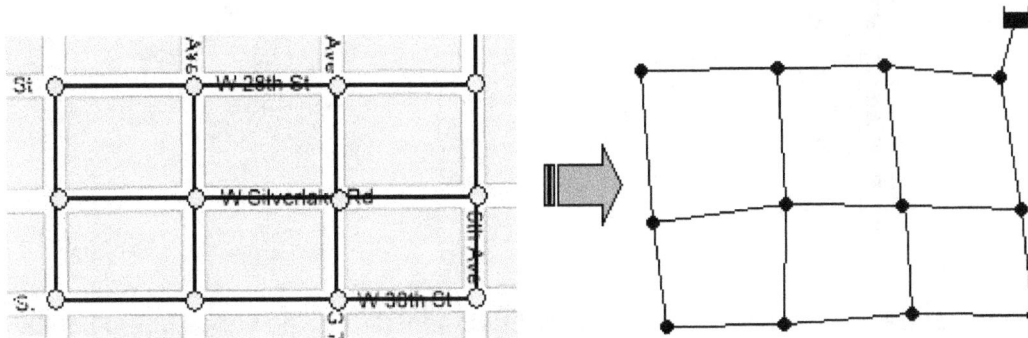

Si la población está homogéneamente distribuida y los nudos también, la forma más rápida y sencilla de asignar la demanda es suponer que en todos los nudos se consume por igual.

1. Asigna 40,09 l/s por el método de asignación total:

    40,09 l/s / 12 nudos = 3,34 l/s nudo

2. Incorpora esta demanda base a todos los nudos. Recuerda, > Edición /Seleccionar todo y posteriormente > Edición /Editar grupo.

3. Configura Epanet para realizar un análisis en periodo extendido con hora de comienzo coincidente con el pico diario (> Visor /Datos /Opciones /Tiempo).

4. Modifica la leyenda para adaptarse al intervalo de diseño, 10-30m, muestra velocidad en las tuberías y ve optimizando la red. Una modificación por donde empezar es eliminar tanta redundancia:

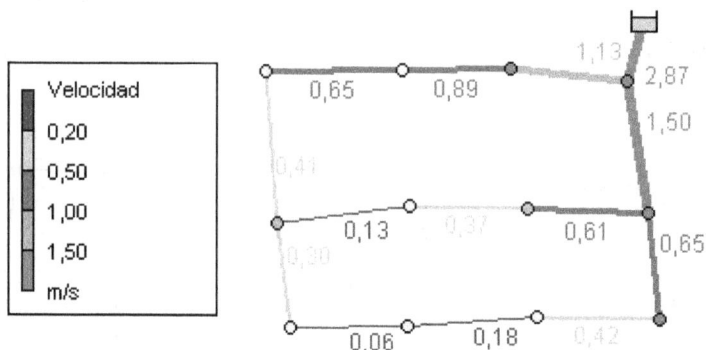

A pesar de que el anillo exterior está sobredimensionado en varios puntos en la esquina inferior izquierda, merece la pena instalarlo de mayor tamaño si existe la posibilidad de que haya expansiones en el futuro. Se puede reducir el diámetro de la tubería central.

5. Una manera muy sencilla de optimizar esta red, si la topografía lo permite, es plantear la construcción del depósito a menor cota. Prueba por ejemplo a bajarlo a 32m.

En los sistemas bombeados, la mayoría de esfuerzos de optimización deben ir orientados a conseguir instalaciones más bajas del depósito. En este caso, por ejemplo, se bombean 43.000 habitantes por 50 l/h = 2.150 toneladas de agua de media. ¡Imagina el ahorro energético que supone no tener que levantar a diario 2.150 toneladas 4 metros más alto!

6. Aumenta el diámetro de la bajante del depósito. La disminución de pérdidas de carga permitirá bajar más aun el depósito. Fíjate que al pasar el diámetro de la

bajante de 200mm a 300mm, la presión del punto más critico pasa de 10,48m a 14,30m. Esto te permitirá descender el depósito algunos metros más.

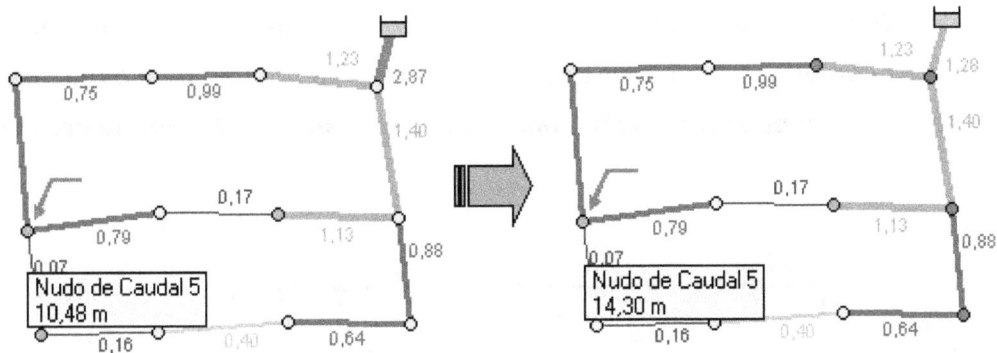

Guarda el ejercicio como **24.net** para poder utilizarlo en los cálculos de envejecimiento.

Ejercicio 25. Asignación punto por punto

Se está planteando un diseño a 20 años para una población de 10.000 habitantes que crece al 3%. Los consumos totales de cada calle se representan en este esquema donde en las calles sin nudo final se ha mostrado la demanda de la tubería completa.

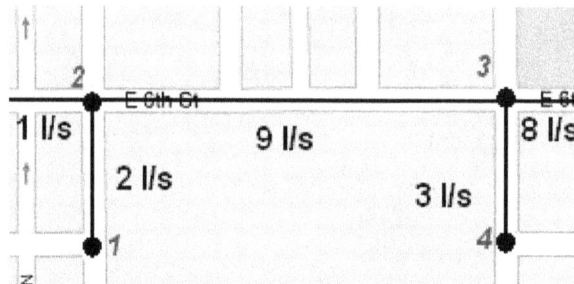

En ausencia de grandes consumidores, todos los pequeños consumidores de una tubería se reparten a partes iguales entre los nudos terminales. Si hubiera un gran consumidor, se colocaría en el lugar exacto de la tubería para representar adecuadamente la carga diferencial que hace sobre cada nudo.

1. Calcula la población al cabo de 20 años y corrige adecuadamente la demanda.

$$Pf = P_o (1+ i/100)^t = 10.000 (1+ 0,03)^{20} = 18.061 \text{ habitantes}$$

Para saber que cuanto debemos aumentar la demanda, podemos hallar el multiplicador de la manera tradicional 18.061/10.000 = 1,81 o haber empleado la fórmula anterior para un sólo habitante: $Pf = 1 (1+ 0,03)^{20} = 1,81$.

2. Reparte la mitad del consumo de las distintas tuberías que confluyen en un nudo. Actualiza la demanda teniendo en cuenta la proyección de la población.

Por ejemplo, al nudo 1 le corresponde la mitad de 2 l/s, es decir, 1 l/s. La demanda futura será 1 l/s * 1,81 = 1,81 l/s. El resto de nudos se muestran en la tabla:

Demanda	Actual	Futura	
Nodo 1	1	1,81	l/s
Nodo 2	6	10,86	l/s
Nodo 3	10	18,1	l/s
Nodo 4	1,5	2,715	l/s

Ejercicio 26. Asignación por calle

Se está planteando un diseño a 10 años para una población de 20.000 habitantes que crece al 2% (geométrica) y consume 0,01 l/s*hab, sabiendo que las calles horizontales tienen 160 usuarios/km y las verticales 200 usuarios/km.

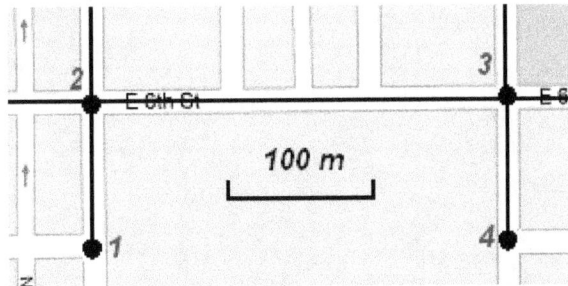

3. Calcula la población al cabo de 10 años y corrige adecuadamente la demanda.

$$Pf = P_o \ (1+ i/100)^t = 20.000 \ (1+ 0,02)^{10} = 24.380 \text{ habitantes}$$

Nuevamente, podemos hallar el multiplicador de la manera tradicional 24.380/20.000 = 1,219 o haber empleado la fórmula anterior para un sólo habitante $Pf = 1 \ (1+ 0,02)^{10} = 1,219$. Por tanto, cada habitante consumirá:

$$0,01 \ l/s * 1,219 = 0,01219 \ l/s$$

4. Calcula cuantos habitantes corresponden a cada nudo. Por ejemplo, al nudo 1 le corresponde la mitad de la tubería de 1 a 2:

50m * 1km/1000m * 200 hab/km = 10 habitantes

Al nudo 2 le corresponden:

0,05 * 200	(Rama 1)
0,05 * 200	(Rama 3)
0,15 * 160	(Rama 4)
+ 0,05 * 160	(Rama 2)

----

52 habitantes

Los nudos 2 y 3, y 1 y 4 son simétricos entre sí. El consumo se obtiene multiplicando los habitantes de cada nudo por su consumo por el multiplicador correspondiente a la proyección:

Nudo 1 y 4:   10 habitantes * 0,01 l/s*hab * 1.219 = 0,122 l/s

Nudo 2 y 3:   52 habitantes * 0,01 l/s*hab * 1.219 = 0,634 l/s

Ejercicio 27.   Asignación por mallas

En Mapu la densidad actual de la manzana donde se planea trabajar es de 200 hab/km² y su superficie 2 km². Se ha visto que la población se estabiliza entorno a densidades de 250 hab/km². Calcula la demanda de los nudos a 30 años si cada habitante consume 0,01 l/s.

1. Proyecta la población hacia el futuro. Independientemente de que se trate de 30 años, en este caso se debe enfocar el problema usando la densidad tope del enunciado.

   2 km² * 250 hab/km² = 500 habitantes

2. Calcula el consumo que les corresponde:

   500 habitantes * 0,01 l/s = 5 l/s

3. Reparte el consumo entre los nudos limítrofes de la malla.

   5 l/s / 7 nudos = 0,71 l/s*nudo

   Si un nudo forma parte de varias mallas, se le suman los caudales que le corresponden por cada una de las mallas.

5

Calidad

> ➤ **No hay nada tan simple que no se pueda hacer mal.**

(Ley de Perrusel)

Determinación del cloro, envejecimiento y dilución

Los dos parámetros de diseño principales que podemos utilizar en Epanet para evaluar la calidad del agua son la concentración de cloro y el tiempo de permanencia del agua en la red o envejecimiento. Epanet es en realidad un programa diseñado para ver la evolución de sustancias químicas en una red y para ello necesitaba precisos cálculos hidráulicos para conseguirlo.

Cloro

El agua debe contener una cantidad residual de cloro de 0,2-0,6 ppm (ppm y mg/l es lo mismo para el agua). El cloro se consume:

a)   en contacto con la materia orgánica del agua. Para describir la velocidad en la que se descompone se usa el **coeficiente de reacción en el medio**, que se calcula mediante la comparación de dos medidas suficientemente espaciadas en el tiempo.

$$K = \frac{Ln\dfrac{C_n}{C_0}}{t}$$

Siendo: K, coeficiente en el medio en días^{-1}

C_0, la concentración inicial

C_n, la conc. a tiempo n de la medida n

t, tiempo en días

b)   en contacto con la pared de la tubería. Este **coeficiente de reacción en la pared** es muy difícil de determinar. Sin embargo, si usas tuberías plásticas, como frecuentemente es el caso, es 0.

Envejecimiento

A medida que el agua pasa más tiempo en las tuberías su calidad se deteriora intrusiones, infiltraciones y por reacciones internas. Si alguna vez abriste el grifo de una casa que llevaba tiempo sin habitar sabrás a qué me refiero. Intenta diseñar para que el agua no pase más de 24 horas en la red. Las partes más problemáticas son las más lejanas a la fuente y las redes arborescentes.

Por otro lado, el cloro necesita un tiempo de contacto de 30 minutos para tener todo su efecto. Debes vigilar en que puntos el envejecimiento es menor a 30 minutos si el agua no estuvo en contacto con cloro antes de ser distribuida (cloración en el depósito).

Diluciones

La manera más sencilla de tratar agua con un parámetro demasiado elevado es diluirla. Imagina por ejemplo que un sondeo proporciona agua con exceso de salinidad. En otro sondeo cercano el agua no es salina pero no proporciona agua en suficiente cantidad para cubrir toda la demanda. Mezclando ambos, se puede obtener un caudal suficiente con una salinidad menor. Epanet permite ver el porcentaje de agua que viene de una fuente en cada nudo y seguir la concentración de un químico en la red.

Ejercicio 28.   Calculando extinciones

Se ha tomado una muestra de agua del río Tuerlo. Se ha colocado en un recipiente de cristal y se le ha añadido cloro hasta una concentración de 2 ppm. 36 horas más tarde la concentración era de 0,6 ppm. ¿Cúal es el coeficiente de reacción en el medio? Si agua con 1 ppm de cloro viaja 10km a través de una tubería de 75mm desde la estación de cloración situada a 52m de altura hasta un único nudo que consume 0,6 l/s y cota 0m, ¿llegará con una concentración adecuada de cloro?

1. Calcula el coeficiente de reacción en el medio:

$$K = \frac{Ln\dfrac{C_n}{C_0}}{t} = \frac{Ln\dfrac{1,4}{2}}{1,5} = -0.2378 \text{ día}^{-1}$$

2. Dibuja la red propuesta en el enunciado e introduce los datos salvo el coeficiente. Sin embargo, coloca un nudo sin consumo cada kilómetro, para poder ver como va avanzando la concentración de cloro:

¿Te acordaste de usar los valores por defecto 140, 75mm y 1km?

3. A continuación vamos a preparar Epanet para hacer un análisis de calidad. Presta atención al procedimiento:

3.1 Para ver la evolución en el tiempo necesitas tener en cuenta un patrón de consumo. A falta de datos, usa uno genérico, por ejemplo, 16.pat (> Visor /Datos /Curvas Modulac. / Cargar).

3.2 Pasa a periodo extendido (> Visor/ Opciones /Tiempo /Duración total).

3.3 Especifica que tipo de análisis quieres realizar, seleccionando Sust. Quím. en > Visor/ Opciones /Calidad /Tipo de Modelo de Calidad.

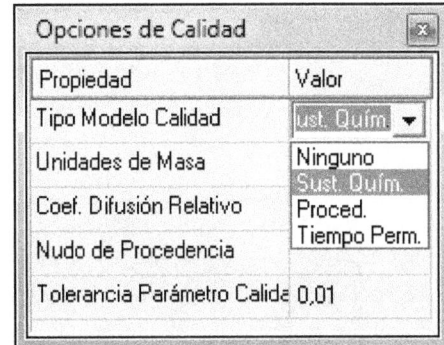

Opciones de Calidad	
Propiedad	Valor
Tipo Modelo Calidad	ust. Quím ▼
Unidades de Masa	Ninguno / Sust. Quím. / Proced. / Tiempo Perm.
Coef. Difusión Relativo	
Nudo de Procedencia	
Tolerancia Parámetro Calida	0,01

3.4 Añade la fuente de cloro. Pincha sobre el embalse e introduce 1 en el parámetro calidad inicial (1 ppm).

3.5 Define los consumos de cloro, introduciendo el coeficiente del medio en las propiedades de las tuberías y dejando sin valor el coeficiente en la pared (equivalente a tener valor 0). La manera más rápida de hacerlo es mediante una edición en grupo:

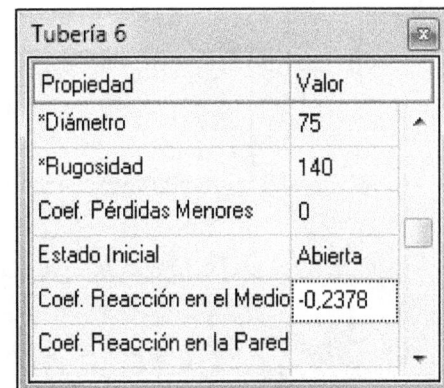

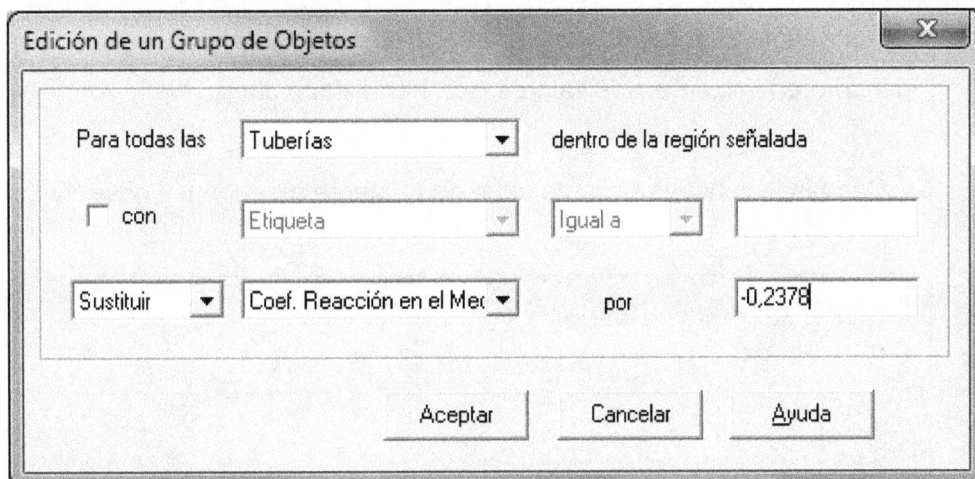

Tubería 6	
Propiedad	Valor
*Diámetro	75
*Rugosidad	140
Coef. Pérdidas Menores	0
Estado Inicial	Abierta
Coef. Reacción en el Medio	-0,2378
Coef. Reacción en la Pared	

Edición de un Grupo de Objetos

Para todas las [Tuberías ▼] dentro de la región señalada

☐ con [Etiqueta ▼] [Igual a ▼] [ ]

[Sustituir ▼] [Coef. Reacción en el Me ▼] por [-0,2378]

[Aceptar] [Cancelar] [Ayuda]

(> Edición / Seleccionar todo   y   > Edición / Editar Grupo)

4. Observa los resultados del nudo terminal hora tras hora. Si haces una gráfica verás que Epanet considera que la tubería está llena de agua sin cloro en el momento de iniciar la simulación. No es hasta la hora 19 que el primer *paquete* de agua clorada llega al nudo donde se consume.

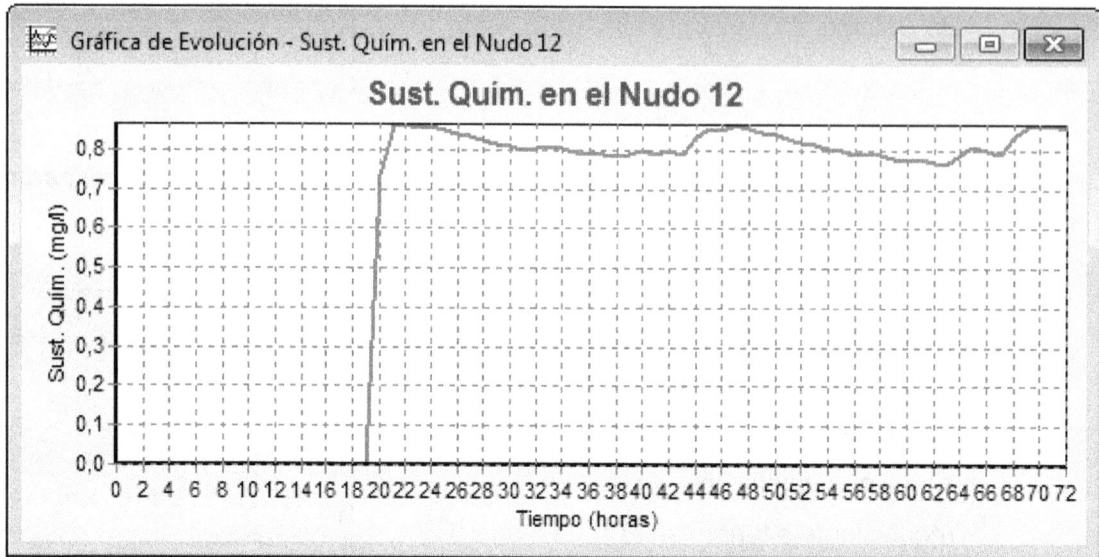

Una vez llega el primer paquete la concentración apenas baja desde la original. Este comportamiento es normal, e incluso de agradecer, ya que permite mantener los márgenes de cloro en grandes distancias de red evitando cloradores secundarios. En esta red los operarios deberían utilizar concentraciones menores de cloro en la fuente. Los valores son demasiado altos.

5. Cambia la concentración de cloro de la fuente a 0,5 ppm y observa qué ocurre:

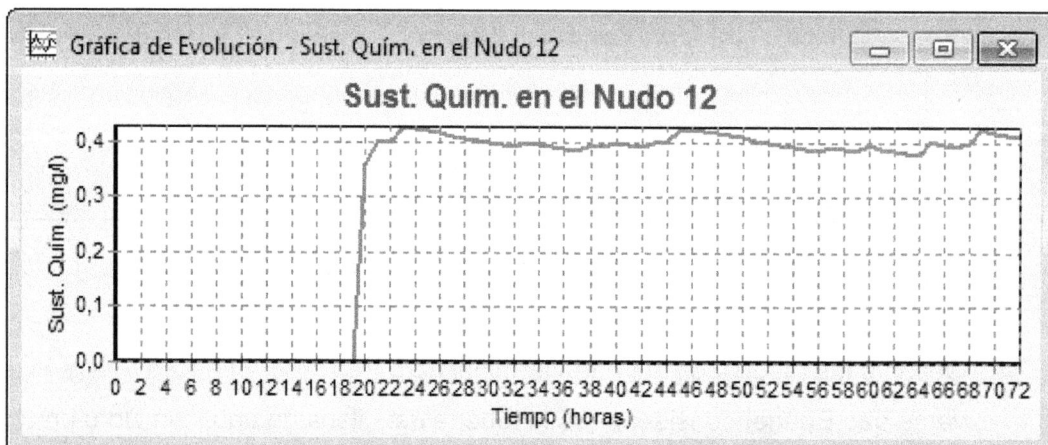

Esta concentración de cloro en la fuente mantendría los valores de cloro dentro del rango de valores adecuado.

El objetivo de modelar el cloro es descubrir la necesidad de cloradores secundarios, detectar puntos de excesiva concentración que pudiera ocasionar el rechazo de los consumidores y orientar a los operadores hacia cuales son las concentraciones de funcionamiento.

Toda obra en instalaciones de abastecimiento de agua debe llevar posteriormente una desinfección de choque con cloro. Utiliza tu modelo para detectar que lugares serán problemáticos a la hora de eliminar el cloro de choque y donde dejar correr el agua para lavar el exceso de cloro.

Guarda el fichero como **28.net** y déjalo abierto.

Ejercicio 29.   Extinciones II

Dos muestras de agua de río han evolucionado en 48 horas como sigue:

    Muestra 1   **1 ppm → 0 ppm**

    Muestra 2   **2,8 ppm → 0,3 ppm**

¿Que conclusiones sacarías? ¿Que evolución sigue el cloro en el sistema del ejercicio anterior?

1. La primera muestra no es utilizable. No se sabe si llegó a 0 ppm a la hora 3 o la 7. En cualquier caso, no se deben dejar llegar a concentración 0 por problemas de precisión.

2. Calcula el coeficiente de extinción para la segunda muestra:

$$K = \frac{Ln\dfrac{C_n}{C_0}}{t} = \frac{Ln\dfrac{0,3}{2,8}}{2} = -1,1168 \; día^{-1}$$

Evoluciones de cloro de este tipo te deben hacer sospechar un alto contenido de materia orgánica, sobre todo a temperaturas del agua no superiores a 20 ºC. Reconsidera si la fuente es apropiada o necesita la colocación de algún sistema de filtración.

En el caso de ríos, las variaciones pueden ser considerables siguiendo periodos de lluvia, de crecimiento de algas y plantas, inundaciones, sequías, vertidos, etc. Evita la toma directa de agua de río, por ejemplo, mediante la excavación de pozos en la cercanía de las orillas.

En algunos casos, sobre todo con alta temperatura del agua, los coeficientes pueden obtener valores tan negativos.

3. Cambia el coeficiente en el medio de todas las tuberías y repite la simulación.

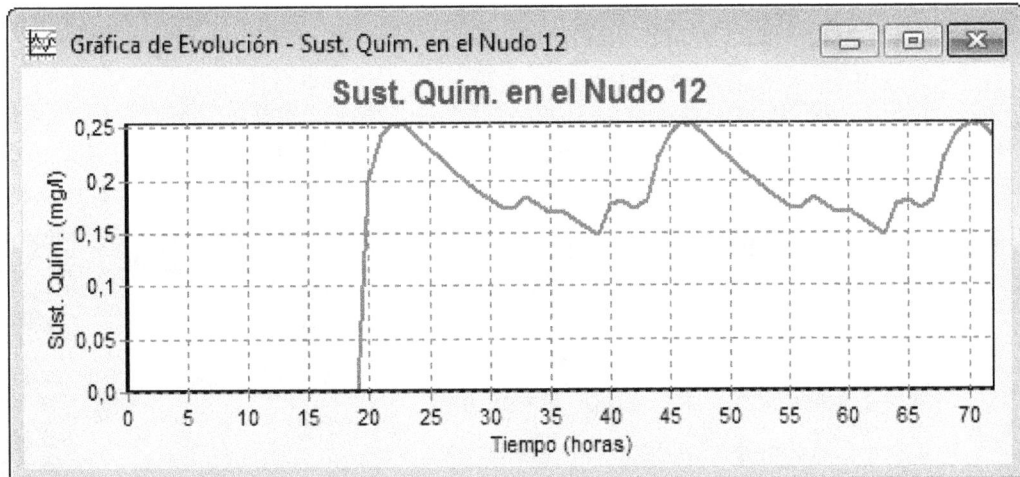

En este caso, las variaciones son más acusadas y la concentración ya no se mantiene entre 0,2 y 0,6 ppm en los periodos de menor consumo en los que el agua tarda más en realizar el viaje.

4. Cambia la calidad inicial a 0,7 ppm y observa que ya si se respeta la concentración mínima de cloro:

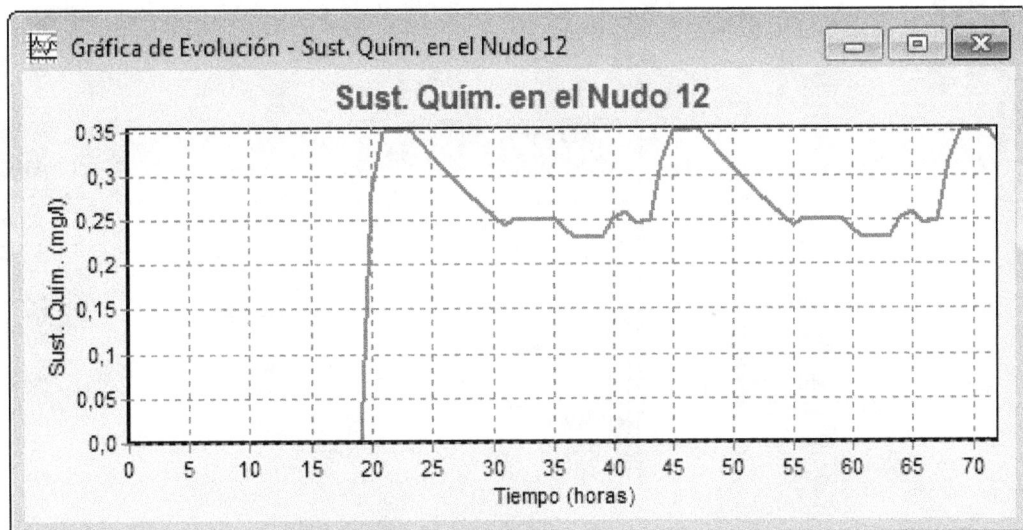

Ejercicio 30.   Envejecimiento

Comprueba que la permanencia de agua en la red 24.net es correcta.

1. Abre el archivo **24.net**.

2. Especifica que tipo de análisis quieres realizar, seleccionando Tiempo Perm. en > Visor/ Opciones /Calidad /Tiempo Perm.

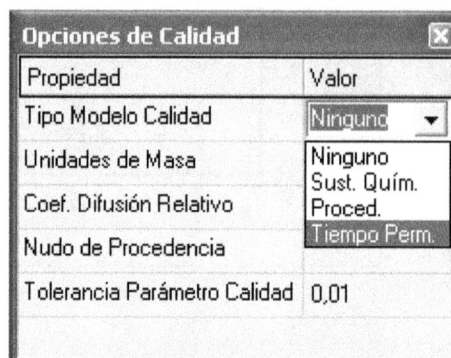

3. Para ver tiempo de permanencia en pantalla, selecciónalo en Nudos dentro del Visor. Ajusta la escala de la leyenda para ver intervalos de tiempo significativos, sobre todo 0,5 en el inferior para detectar zonas con tiempo de contacto con cloro insuficiente y 24 para detectar las zonas de estancamiento.

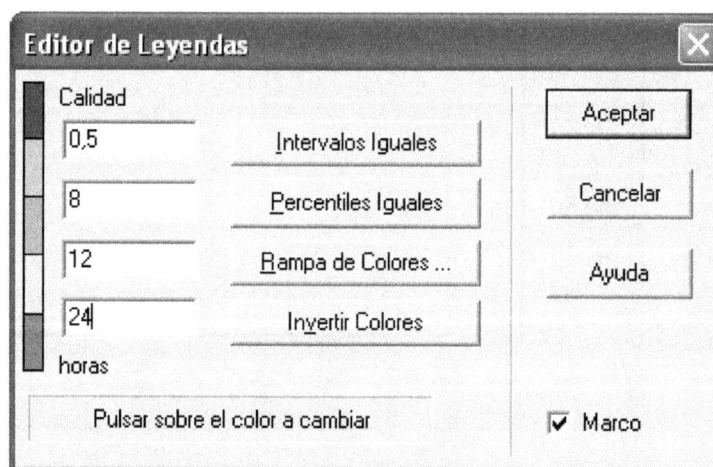

4. Cambia la hora de inicio de resultados a la inicial, 0:00 (> Visor /Datos /Opciones /Tiempo / Hora Inicio Resultados) y calcula la red para tener en cuenta las últimas configuraciones.

Observa que los tiempos de permanencia son muy bajos en esta red y la preocupación sería el tiempo de contacto con el cloro. Poco después del momento de máximo consumo el tiempo es mínimo. Los tiempos de mayor permanencia se dan en las zonas más lejanas (esquina inferior izquierda).

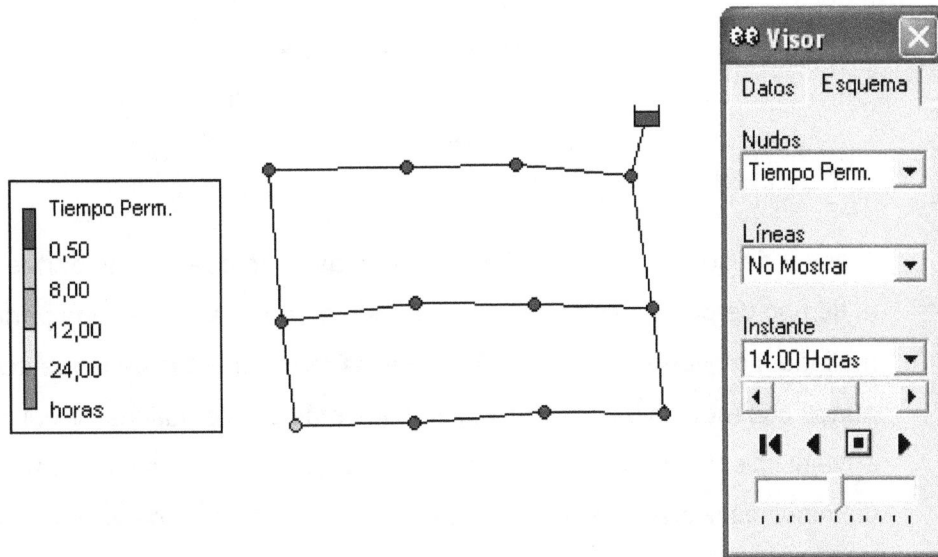

5. Cambia el consumo de los nudos a 0,2 l/s y observa qué ocurre.

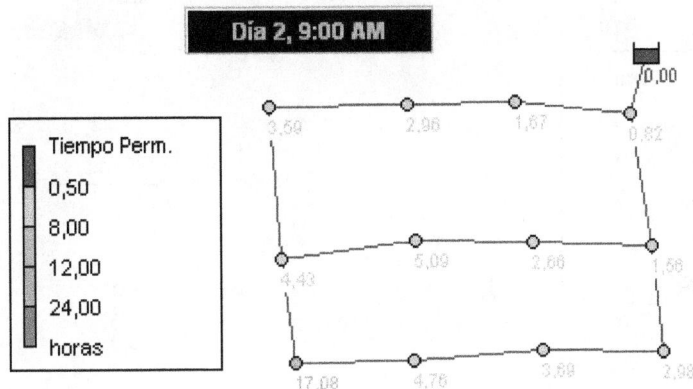

La demanda ahora es mucho menor, la velocidad en las tuberías ha disminuido drásticamente y los tiempos de viaje son mucho mayores.

6. Añade una rama lateral con las opciones por defecto (200mm, 100m) como se muestra en la imagen. El nudo A tiene una demanda de 0,2 l/s y el B es un punto muerto sin demanda. Calcula y observa que ocurre.

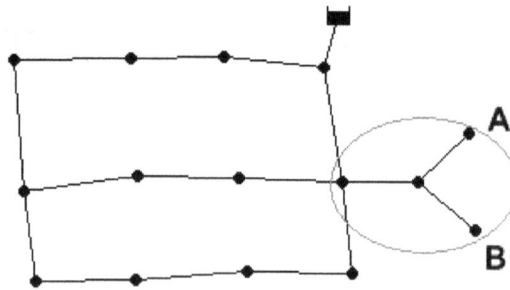

A pesar de que el camino a A es mucho más corto que a otras partes de la red, el tiempo de permanencia se dispara. Esto se debe a que es una parte no mallada. Los nudos en ramas (A), aquellos más distantes de la fuente (C) y los nudos con muy bajo consumo (B) son los más problemáticos de cara al envejecimiento. Si los tiempos son demasiado altos debes modificar la red hasta disminuirlos. Para hacerlo, podrías disminuir la distancia de viaje o cerrar una malla en las cercanías.

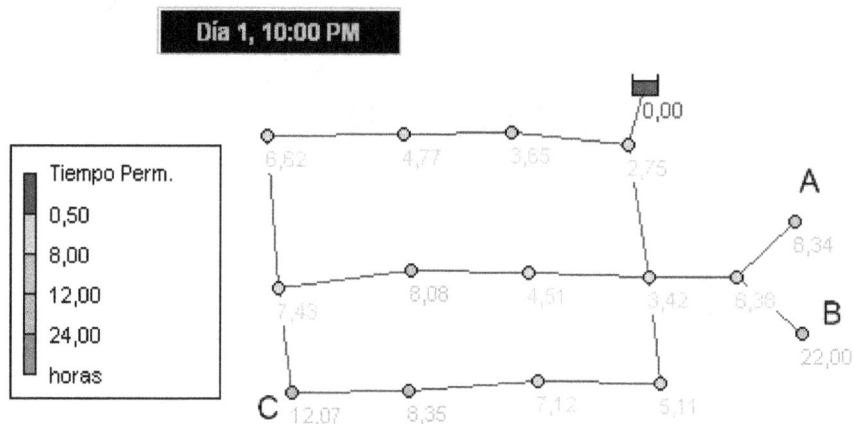

Guarda el archivo como **30.net** y déjalo abierto para el próximo ejercicio.

Ejercicio 31.   Dos fuentes

La fuente original del ejercicio 30 tiene una concentración de 10 ppm de una sustancia cuyo límite en los estándares del país es 8 ppm. Se ha identificado una segunda fuente a 76m del punto B con una cota de 32m y una concentración de 3 ppm. La sustancia es inerte en el agua y con los componentes de la tubería. ¿Sería posible abastecer la red alimentando simultáneamente de ambas fuentes dejando que se mezclaran en la red? En la esquina Noreste, ¿que porcentaje del agua viene de B a las 14:00 del primer día? ¿Y del segundo?

1. Incorpora la segunda fuente al modelo.

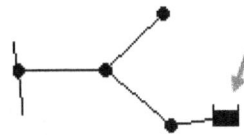

2. La sustancia es inerte. Elimina cualquier coeficiente de extinción que hubiera en las tuberías editando en grupo. Devuelve la demanda a la original, 3,34 l/s. Comprueba que el modelo sigue dentro de los límites de presión de diseño antes de observar cualquier parámetro de calidad. Sólo se puede calcular un parámetro cada vez.

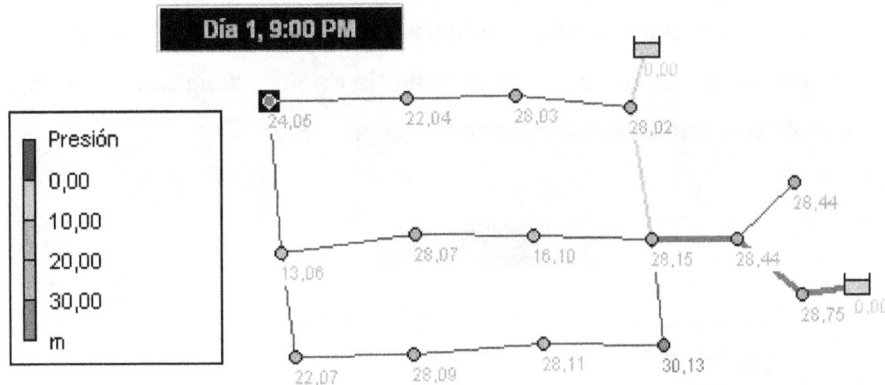

3. Introduce la concentración de las fuentes de la sustancia en el parámetro Calidad inicial:

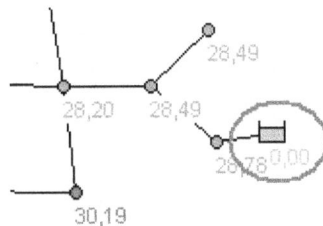

Embalse 17	
Propiedad	Valor
Curva Modulac. de la A	
Calidad Inicial	3
Intensidad de la Fuent	
Caudal Neto Entrante	-20,64
Altura	29,00
Presión	0,00

4. Configura Epanet para pasar de un análisis de envejecimiento a uno de sustancia química (> Visor /Datos /Opciones /Calidad /Sust. Quím.).

5. Calcula la red, cambia el Visor a Sust. Quím. y la leyenda para detectar cualquier valor por encima de 8 ppm.

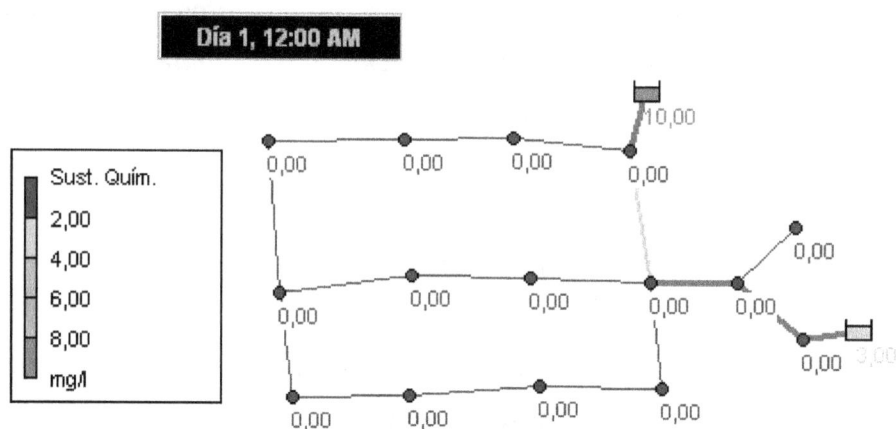

6. La evaluación de todas las horas muestra que, aunque para las horas de menor consumo y la parte sur la concentración de la sustancia está dentro de límites, en las horas de mayor consumo la mayoría de nudos siguen teniendo valores ilegales. Modifica la red para favorecer la mezcla.

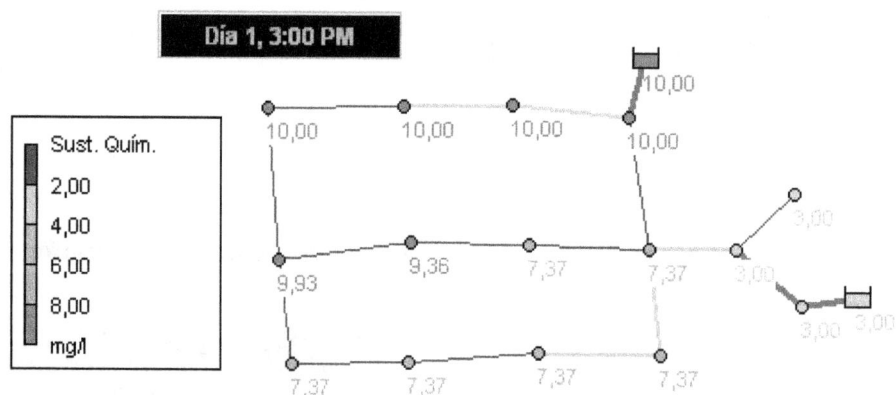

Como los problemas se dan en los periodos de mayor consumo, disminuyendo el diámetro de la fuente problemática (a 150mm) y aumentando el de la aceptable (a 300mm) se consigue mantener todos los valores bajo el máximo. ¡No olvides comprobar que las presiones siguen estando dentro de rango!

Día 2, 12:00 PM

| Sust. Quím. |
| 2,00 |
| 4,00 |
| 6,00 |
| 8,00 |
| mg/l |

6,46   6,46   6,46   6,46   10,00

5,42   4,71   3,00   3,00   3,00   3,00

3,00   3,00   3,00   3,00   3,00   3,00

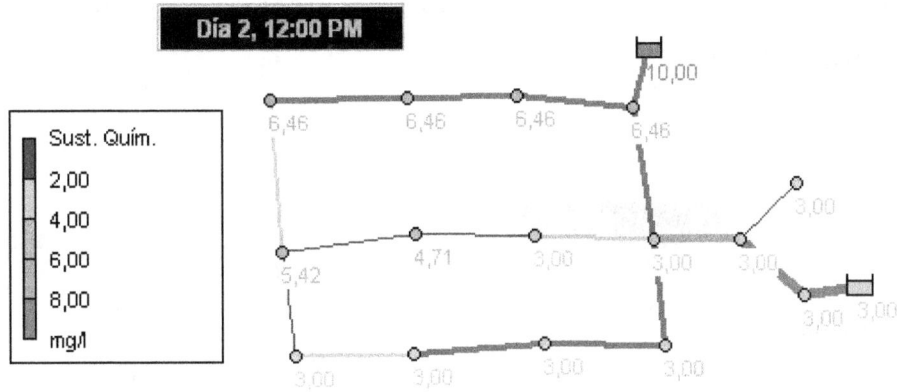

7. Para ver que porcentaje de agua tiene su origen en B, configura el modelo al modo Procedencia, > Visor /Datos /Opciones /Calidad /Proced. En el diálogo debes especificar cual es el Nudo de Procedencia que quieres analizar, en mi modelo, B es el embalse 17.

Opciones de Calidad	
Propiedad	Valor
Tipo Modelo Calidad	Proced.
Unidades de Masa	mg/l
Coef. Difusión Relativo	1
Nudo de Procedencia	17
Tolerancia Parámetro (	0,01

8. Modifica la leyenda para ver resultados. Para hacerlo más visual y que los nudos tomen el tamaño según el valor, pincha con el botón derecho cualquier punto de la pantalla y selecciona Opciones del Esquema. En Nudos, señala la casilla Proporcional al Valor.

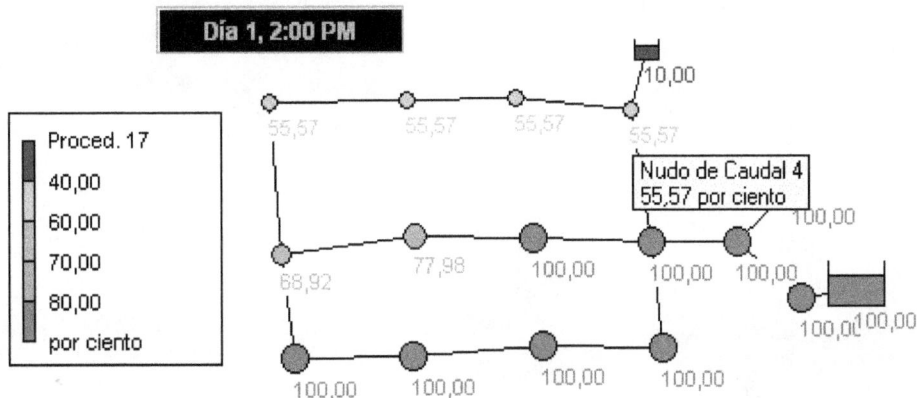

- ✓ Leyenda de Nudos
- ✓ Leyenda de Líneas
- ✓ Hora del Día
- Mapa de Fondo
- Opciones del Esquema

10,00
55,57

Día 1, 2:00 PM

| Proced. 17 |
| 40,00 |
| 60,00 |
| 70,00 |
| 80,00 |
| por ciento |

55,57   55,57   55,57   55,57   10,00

Nudo de Caudal 4
55,57 por ciento

68,92   77,98   100,00   100,00   100,00   100,00   100,00   100,00

100,00   100,00   100,00   100,00

El primer día el 55,57% del agua proviene de B, sin embargo, observa lo que pasa al día siguiente a la misma hora:

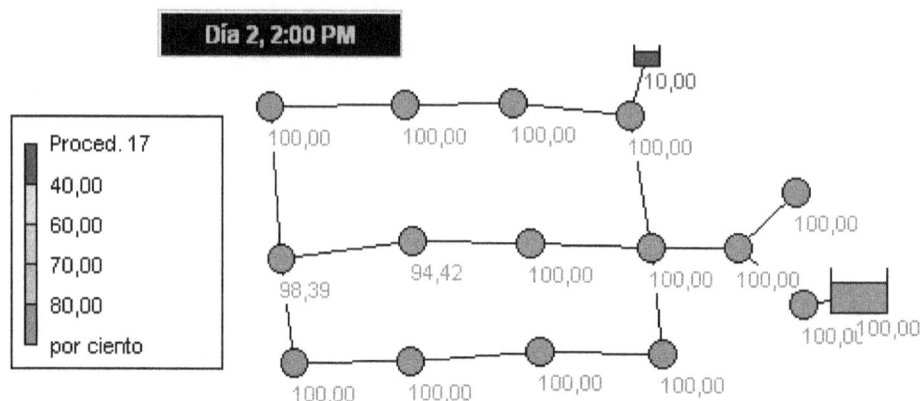

¡Hubiéramos dado por bueno un modelo que en realidad no soluciona gran cosa! Necesitamos mezclar ambas fuentes porque B es insuficiente. Siempre, pero especialmente en los análisis de calidad, acostúmbrate a dejar correr el modelo varios días para eliminar resultados erróneos.

Si tienes curiosidad enreda por tu cuenta con este caso hasta que logres que en el periodo punta no más del 75% del agua venga de B sin que los valores de la sustancia sobrepasen los límites.

6

Montajes

> ➢ *Si se consultan suficientes expertos, se puede confirmar*
> *cualquier opinión.*

(Ley de Hiram)

Montajes

En este capítulo se muestran algunos montajes comunes o prácticos.

Bombas

Un sistema bombeado se puede sustituir en gran parte de los casos por otros montajes más agradecidos.

Salvo que veas una ventaja clara en simular una bomba, evita colocarlas en Epanet. Descubrirás que tienen una cierta propensión a trabajar tu paciencia. Si colocas alguna, estabiliza primero la red como si se tratara de un proyecto gravitatorio y luego coloca y trabaja la bomba para evitar tener demasiadas fuentes de variabilidad.

En los ejercicios iremos viendo estas simplificaciones que evitan colocar bombas y la manera de colocarlas con menos problemas.

Despresurización en contacto con la atmósfera

Cada vez que una tubería desemboca en un recipiente abierto a la atmósfera, el agua se despresuriza y no puede transmitir presión más allá de ese punto. Imagina una cámara de bicicleta que tiene un agujero muy grande (abierta a la atmosfera). No conseguiremos llenarla de aire a presión por mucho empeño que pongamos.

A pesar de su simpleza este es un concepto importante. Por ejemplo, es la apertura a la atmósfera es la que diferencia los acueductos, que no pueden transportar el agua cuesta arriba, de las tuberías que si pueden.

Zonas de presión

En ocasiones una red tiene puntos con demasiada diferencia de cota como para poder conciliar la presión de todos ellos. Para solucionarlo se establecen zonas de presión y se divide la red en subredes donde se pueda mantener la presión dentro de un rango adecuado. Como norma general no es necesario el establecimiento de zonas de presión para diferencias menores a 37m. Si se tiene un mapa con curvas de nivel, el establecimiento de zonas de presión es directo, siguiendo las curvas de nivel. En este caso, la línea 400 divide entre la zona de presión alta y la baja.

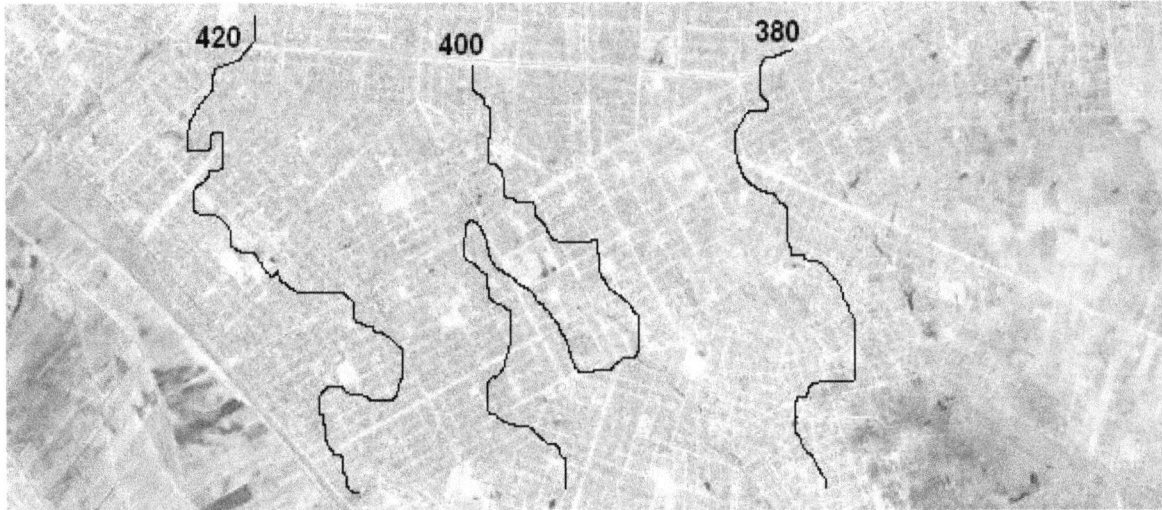

Nivel estático, dinámico y profundidad de instalación de la bomba

La distancia desde el suelo hasta el nivel de agua dentro de un acuífero se llama **nivel estático** (NE). Cuando una bomba en un sondeo empieza a bombear del acuífero, se forma un cono de aire dentro del agua similar al remolino de un desagüe.

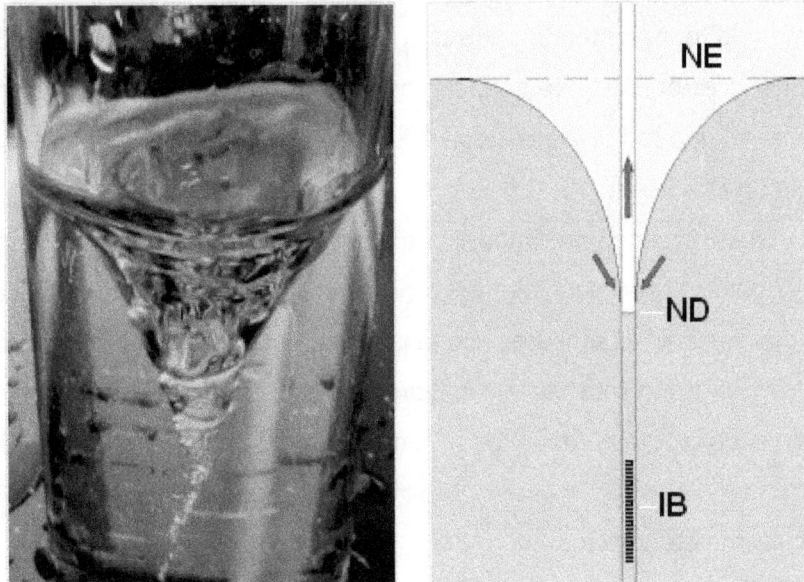

Durante el bombeo el nivel de agua baja considerablemente hasta alcanzar el **nivel dinámico** (ND). A la hora de establecer la profundidad de bombeo se toma el nivel dinámico y no la profundidad de instalación de la bomba (IB), ya que elevar agua en el seno de agua no lleva trabajo.

Otras entradas de agua

Si un nudo con demanda positiva extrae agua de la red, uno con demanda negativa es un aporte de agua. Así un nudo con demanda -2 es una entrada fija de 2 l/s en la red. Esta es probablemente una de las maneras más cómodas de representar un manantial. A este nudo también se le puede añadir una curva de modulación, de tal manera que si tuviera los siguientes multiplicadores 000000000000111111111111, sólo entraría agua en las 12 últimas horas del día.

Sin embargo, usa sólo estás entradas en puntos elevados de la red funcionando por gravedad, ya que en las bombas, el caudal cambia según cuanta presión en la red tengan que vencer.

Esqueletización

Construir un modelo representando cada uno de los componentes de una red es un trabajo tedioso, propenso a error, difícil de analizar, que da pereza actualizar y extremadamente caro. ¡Imagina si en una red que abastece 10.000 viviendas hubiera que representar la red interíor de cada una de ellas!

Esqueletizar consiste en encontrar modelos de la red equivalentes cada vez más sencillos. La forma de encontrar si son equivalentes o no es correr los dos modelos y ver en que medida producen resultados similares. En la práctica esto es difícil y laborioso de hacer. En Cooperación las redes son rara vez excesivamente complicadas. Puedes aplicar la esqueletización sin problemas resumiendo todos los consumos en un único de nudo en:

1. La red interna de edificios.
2. Ramales de pequeñas dimensiones en comparación con la red total.
3. Cualquier estructura de reparto, por ejemplo, una fuente pública con varios grifos.
4. Nudos en una misma tubería sin ramificaciones, como las cuentas en un collar.

Si necesitaras esqueletizar en mayor medida o quieres una explicación más detallada, puedes consultar en inglés el punto 3.11 del libro *"Advanced Water Distribution Modeling and Management"* disponible gratuitamente en la web de Haestad:

www.haestad.com

Ejercicio 32.   Depósito entre bomba y distribución

Desde una toma en el río Orst a 1.812m de altura se quiere bombear a un depósito con una cota de 1.892m. Una vez allí, se planea distribuir por gravedad a 5 fuentes públicas con una demanda media de 0,4 l/s cada una y localizadas en una explanada a 1.822m de altura. El estudio topográfico ha revelado las siguientes distancias:

Río-Depósito: 2.300m	*Fuente 2- Fuente 3: 160m*
Depósito-Fuente 1: 1.340m	*Fuente 1-Fuente 4: 430m*
Fuente 1-Fuente 2: 200m	*Fuente 4-Fuente 5: 90m*

Diseña el sistema de abastecimiento usando un patrón de consumo diario general.

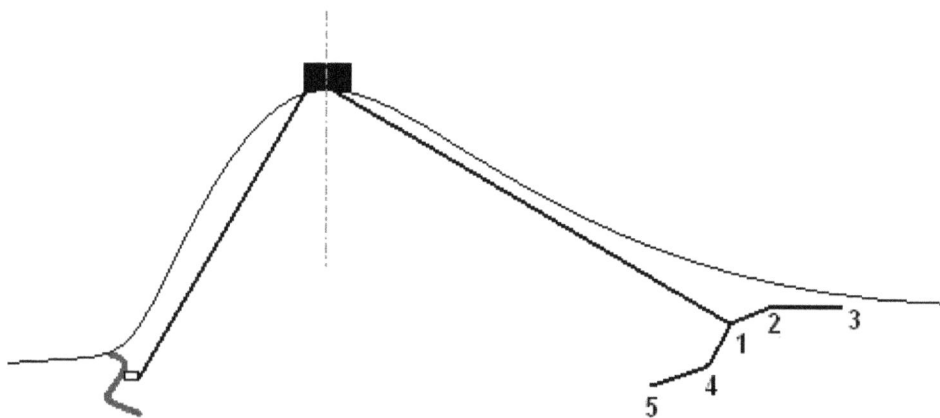

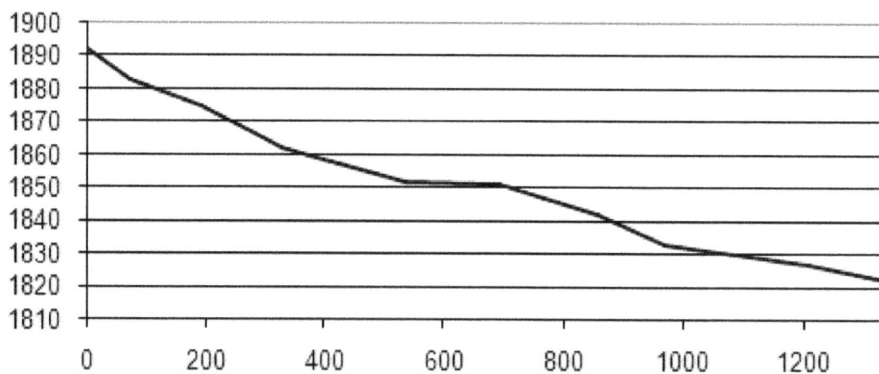

H.	1892	1883	1875	1862	1857	1852	1851	1842	1833	1829	1827	1822
Long	0	72	120	133	102	107	160	164	111	143	97	131
L. Acum.	0	72	192	325	427	534	694	858	969	1112	1209	1340
	D											F1

Perfil topográfico desde el Depósito a la Fuente 1.

Observa que el sistema tiene una parte bombeada, del depósito a la izquierda, y una parte por gravedad a la derecha. Al descargar la tubería de la bomba en un recipiente abierto a la atmósfera el agua se despresurizará. Esto aísla la parte de la derecha de la izquierda. Por muy potente que sea la bomba la presión de las fuentes públicas no variará. Esta es la razón por la que en el Ejercicio 13 se ha modelado sólo del depósito en adelante.

1. Construye un modelo ignorando la parte bombeada. La selección de la bomba y de la tubería principal se pueden hacer más fácilmente a mano (se tratan más adelante).

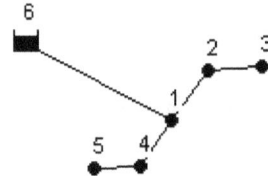

2. Introduce los datos del enunciado y usa el patrón de consumo general (16.net).

3. Calcula la red. Obtendrás algo similar a esto, donde ya puedes intuir que el desafío de este ejercicio es controlar el exceso de presión.

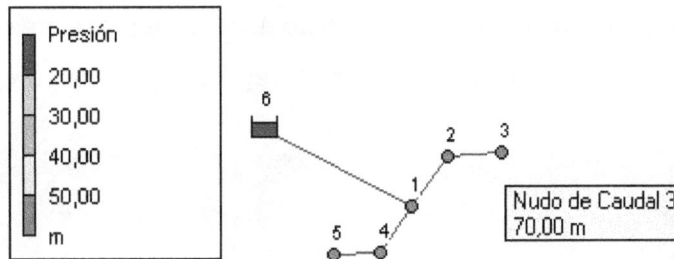

4. Intenta disminuir la presión aumentando la fricción. Para ello haz que Epanet te muestre los resultados en la hora punta, las 14:00 (> Visor /Datos /Opciones /Tiempo / Hora Inicio Resultados).

Un cambio de la tubería principal a 75mm, deja la presión dentro del intervalo de cálculo en la hora punta:

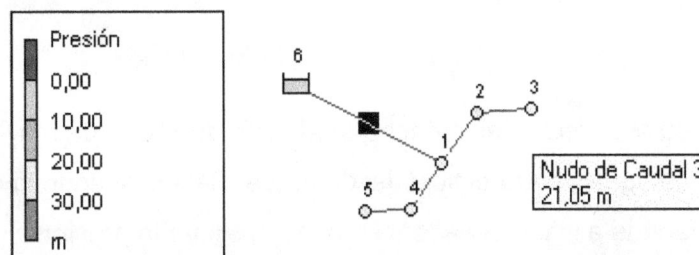

Sin embargo, los periodos de menor consumo, la fricción no es suficiente para disminuir la presión y el sistema está lejos de funcionar en un rango correcto.

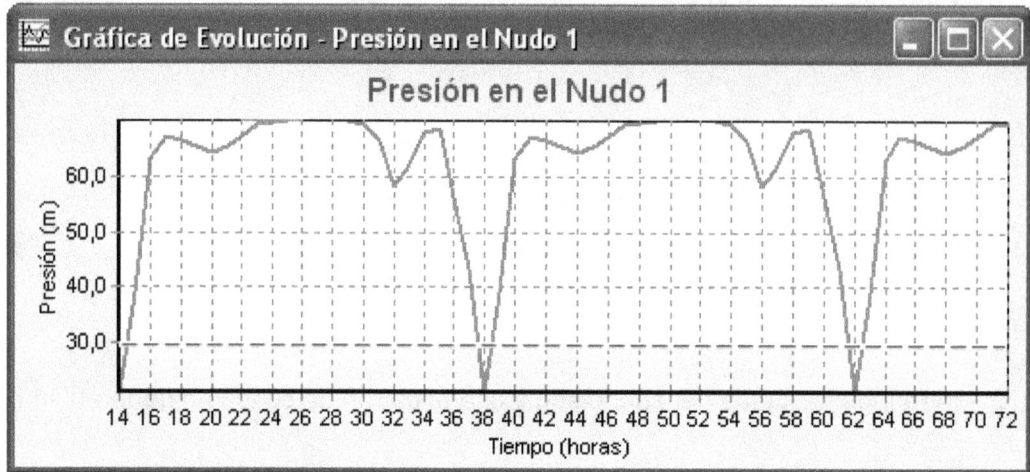

Una manera de resolver este sistema es mediante la instalación de un **tanque de ruptura de presión** (TRP). Nuevamente, la tubería entra en una cubeta en contacto con el aire y se despresuriza. Un tanque de ruptura de presión es un depósito muy pequeño con una salida libre y una entrada regulada por una válvula de flotador.

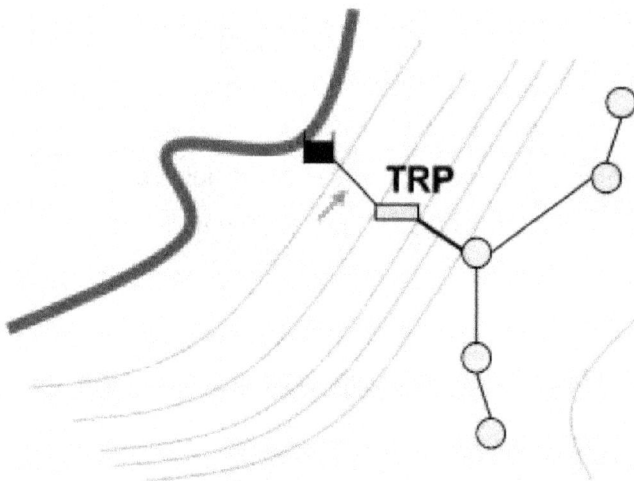

Cuando el consumo es menor que el agua que llega de mayor cota la cubeta se llena de agua y corta el flujo desde arriba. Seleccionando la cota de instalación de este tanque a mitad de ladera se puede regular la presión.

En Cooperación evita instalar válvulas reductoras de presión. Su precio y la logística necesaria para adquirirlas hace muy improbable que sean substituidas una vez se hayan deteriorado. Lo más frecuente es que se tengan que puentear y los sistemas serán disfuncionales y propensos a las averías. Un tanque de ruptura de presión, en cambio, es muy robusto y el único elemento móvil, la válvula de flotador, es fácilmente reparable y reemplazable.

5. Siguiendo con la filosofía de no incluir en el modelo partes innecesarias, trabaja el modelo desde el tanque de ruptura de presión. Para ello, déjalo tal cual esta y pasa a considerar que lo que antes era el depósito ahora es el tanque de ruptura de presión. Para determinar la longitud de la tubería según la cota del tanque, usa el perfil topográfico.

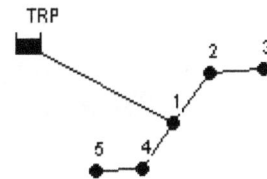

La presión en las horas punta era de 70m. Para averiguar la cota del tanque de ruptura de presión con la que empezar las pruebas, resta la presión máxima de diseño a la máxima del sistema sin tanque de ruptura de presión y después este valor de la cota del depósito:

$$70m - 30m = 40m \qquad 1.892m - 40m = 1.852m$$

La longitud de la tubería es 1.340m – 534m = 806m

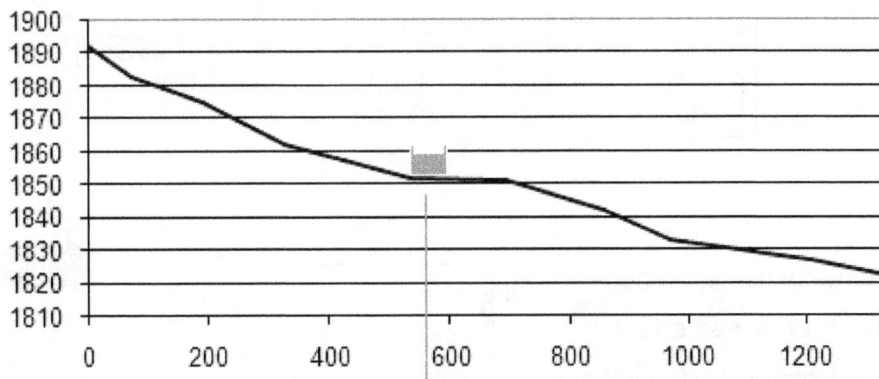

H.	1892	1883	1875	1862	1857	1852	1851	1842	1833	1829	1827	1822
Long	0	72	120	133	102	107	160	164	111	143	97	131
L. Acum.	0	72	192	325	427	534	694	858	969	1112	1209	1340

6. Modifica las tuberías hasta cumplir los valores de diseño en la presión. La curva de presión tiene la misma forma que la que calculamos anteriormente, pero ahora todos los valores están dentro de rango.

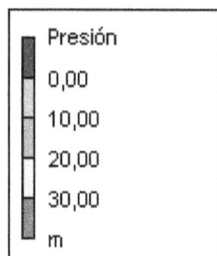

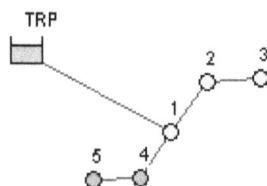

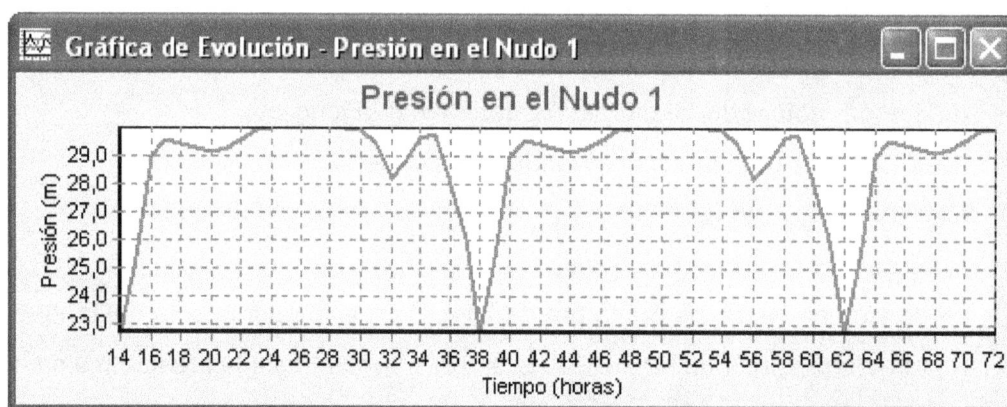

7. Comprueba que el envejecimiento del agua es menor que 24 horas (> Visor /Datos /Opciones /Calidad /Tiempo Perm.).

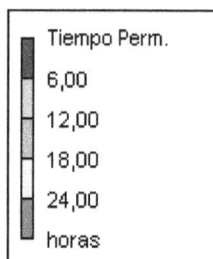

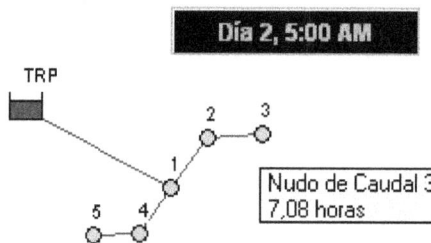

8. Comprueba que en la hora punta, la velocidad en las tuberías está entre 0,5 y 2 m/s, otro criterio de diseño importante.

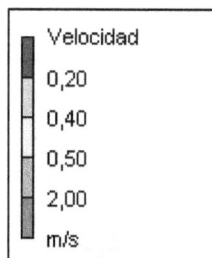

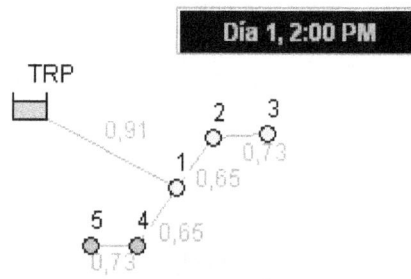

Velocidades superiores a 2 m/s indican que la tubería es demasiado pequeña y disparan la fricción. La velocidad mínima es 0,5 m/s en el caso de agua que contenga sedimentos para que las tuberías sean autolimpiantes. Si el agua no tiene sedimentos, no hay velocidad mínima.

9. Una vez equilibrada la red, se debe seleccionar el diámetro de la tubería que va del depósito al tanque de ruptura de presión. Esta tubería entrante debe ser capaz de transportar más agua que el caudal máximo de la tubería saliente. Averigua el caudal de la tubería saliente en la hora punta, 7,18 l/s:

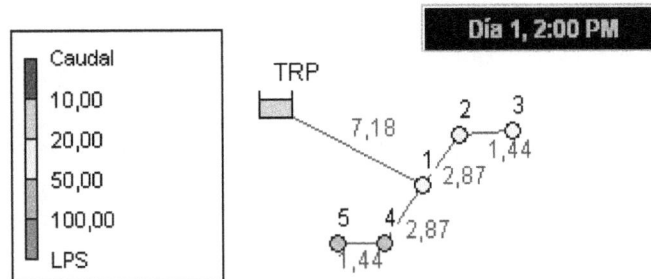

10. Para averiguar su diámetro rápidamente, coloca un embalse a la altura del depósito y un nudo a la altura del TRP y únelos con una tubería de 534m en un nuevo proyecto de Epanet. Asígnale una demanda de 7,18 l/s, y asegúrate que no aplicas ningún patrón de consumo. Selecciona la mínima tubería que mantiene las presiones por encima de 10m.

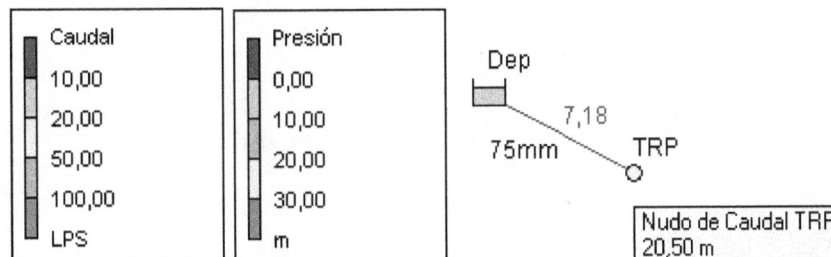

La bajante del depósito al TRP debe ser de 75mm.

Quedan por determinar la bomba a elegir, el tamaño del depósito y la tubería de bombeo. Si no hay grandes opciones en el mercado, es la bomba la que determina el tamaño de los demás elementos. Una bomba de 20 m^3/h necesita una tubería menor que una de 40 m^3/h.

Da misma manera, una bomba de mayor caudal necesitará generalmente depósitos más pequeños.

La selección de una bomba queda fuera de los objetivos de este manual y no es complicada, la determinación del tamaño del tanque ya se ha visto y la selección del diámetro de la tubería es aquel diámetro de hace mínima la suma de gastos de bombeo más depreciación. En el Ejercicio 42 tienes un ejemplo.

Ejercicio 33.   Manantiales y depósitos de cola

Un estudio topográfico ha tomado de referencia (cota 0m) un manantial de caudal fijo de 2 l/s. Desde manantial por gravedad se distribuye a una red homogénea de 6 fuentes públicas a cota -30m y con un consumo medio de 0,3 l/s según el patrón de consumo 16.pat. A continuación se muestra la disposición espacial a escala de los elementos. Calcula la red.

Manantial

Descarga el archivo **33.zip** que contiene el fondo de la imagen.

1. Averigua las dimensiones de la imagen, modifícala e incorpórala como fondo:

    A 345761 8734004   B 346452 8733573   →   691m x 431m

2. Dibuja la red (¡con el modo Long. Automática activado!) e introduce los valores del enunciado. Para limitar el caudal de un embalse se puede usar una válvula reguladora de caudal ficticia. Como este tipo de válvulas no se pueden conectar directamente a un embalse, necesitarás colocar un nudo sin consumo intermedio. Es muy importante que dibujes la válvula en el sentido del flujo, es decir, primero en el nudo nuevo y luego en la esquina de la malla.

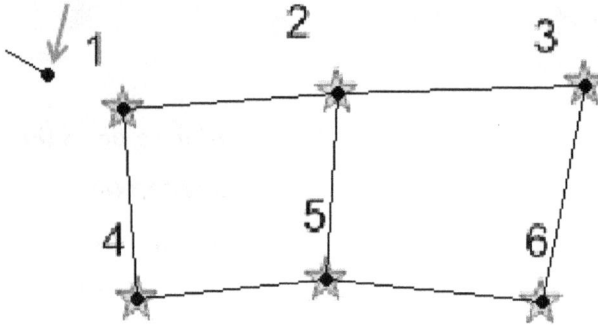

Para insertar la válvula, pincha en el icono ⋈ y luego en los extremos según lo descrito anteriormente. Pincha sobre ella para abrir sus propiedades, y elige Tipo Válvula "LimitCaudal". En Consigna, introduce 2 (l/s).

3. Calcula la red y observa los mensajes de error:

```
AVISO: La V.Lim.Caud. 1 está abierta, pero no puede
       suministrar el caudal requerido a las 30:00:00 hrs.
```

En otras palabras: a las 30 horas el caudal que demandan los nudos es mayor que lo que puede dejar pasar la válvula. Ignora este error que es útil la primera vez pero se vuelve muy pesado rápidamente.

Para conseguir más caudal debes construir un depósito donde el agua vaya a parar cuando la demanda es menor que la capacidad del manantial, y que aporte agua cuando ocurra lo contrario.

Una buena localización es un depósito de cola, que permite equilibrar las presiones en los puntos más distantes, a la vez que aporta un caudal que circula por tuberías distintas al caudal principal, evitando saturarlo.

4. Coloca un tanque de cola a 100 metros de la Fuente 3. La cota es una variable que debes averiguar. Empieza por una tentativa, por ejemplo, 15m. Como no es práctico construir tanques elevados de cualquier altura, introduce valores que sean posibles cuando estés ante un caso real.

5. Calcula el tamaño de tanque necesario antes de calcular con Epanet para evitar trabajar con demasiadas variables.

	Mult.	Consumo	Producción	Balance	TOTAL
0:00	0,20	1296	7200	5904	5904
1:00	0,08	518	7200	6682	12586
2:00	0,02	130	0	-130	12456
3:00	0,03	194	0	-194	12262
4:00	0,06	389	4320	3931	16193
5:00	0,13	842	7200	6358	22550
6:00	0,34	2203	7200	4997	27547
7:00	0,90	5832	7200	1368	28915
8:00	1,68	10886	7200	-3686	25229
9:00	1,35	8748	7200	-1548	23681
10:00	0,67	4342	7200	2858	26539
11:00	0,56	3629	7200	3571	30110
12:00	1,80	11664	7200	-4464	25646
13:00	2,58	16718	7200	-9518	16128
14:00	3,59	23263	7200	-16063	65
15:00	2,81	18209	7200	-11009	-10944
16:00	1,24	8035	7200	-835	-11779
17:00	0,79	5119	7200	2081	-9698
18:00	0,90	5832	7200	1368	-8330
19:00	1,01	6545	7200	655	-7675
20:00	1,12	7258	7200	-58	-7733
21:00	1,01	6545	7200	655	-7078
22:00	0,79	5119	7200	2081	-4997
23:00	0,34	2203	7200	4997	0
	24	155520	155520	0	

Volumen **41890** Litros

Este es, por ejemplo, un tanque cilíndrico de 4 metros de diámetro y 3,4 metros de altura. Introduce estos datos en el diálogo de propiedades del tanque.

Depósito 7	☒
Propiedad	Valor
*Nivel Inicial	0
*Nivel Mínimo	0
*Nivel Máximo	3,4
*Diámetro	4
Volumen Mínimo	
Curva de Cubicación	

Observa en el gráfico del depósito que hemos conseguido el tamaño adecuado a la primera:

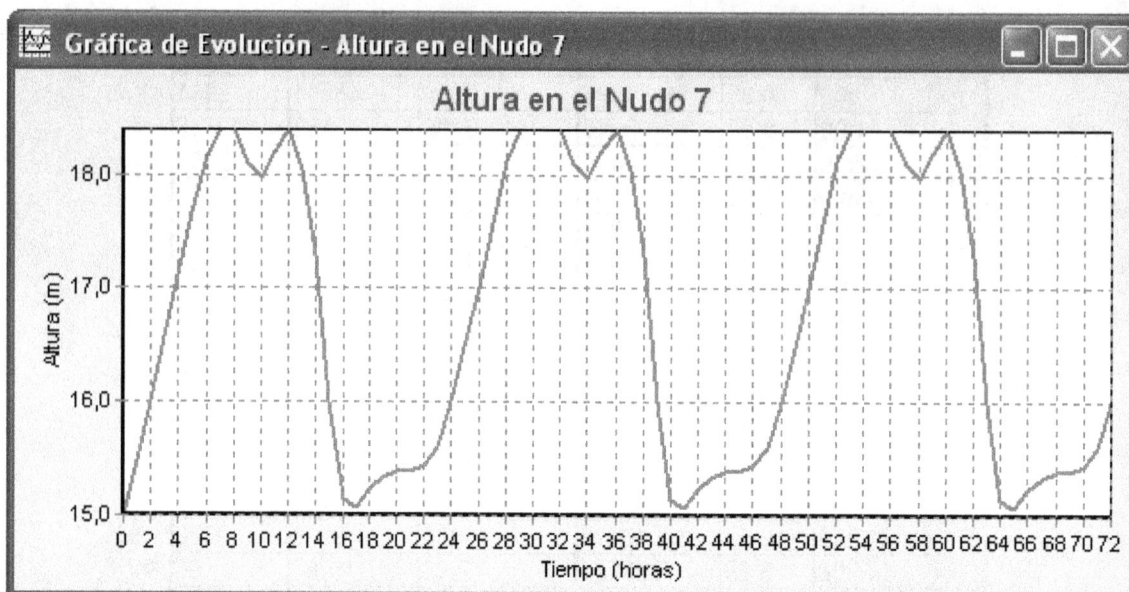

Para visualizar el funcionamiento del tanque de cola, pincha con el botón derecho sobre el croquis y abre el diálogo Opciones del Esquema. En Flechas, señala la opción Abierta. A partir de este momento, la dirección del agua en las tuberías se muestra mediante flechas.

Deja correr la simulación en el tiempo y observa como en las horas de bajo consumo el sentido es de entrada al tanque y en las horas punta de salida.

6. Empieza el proceso de optimización de las tuberías hasta encontrar las menores que mantienen los rangos de presión. En mi caso, todas las tuberías son de 50mm, salvo la bajante del tanque de cola. Si las distancias fueran mayores hubiera instalado tuberías mayores para evitar problemas por atascos.

7. Baja el tanque de cola hasta la altura mínima que consiga presurizar adecudamente la red.

En la realidad, un depósito elevado de 11m de altura y 42m^3 sería tan caro de construir que habría que buscar otras alternativas. La más lógica sería quizás construirlo a la salida del manantial.

Ejercicio 34.   Zonas de presión

Tras el terremoto del 4 de Abril, se planea la construcción de una red para un campo de desplazados que se alimenta desde el punto D. Las pendientes de la zona mallada se indican con la flecha en sentido de escurrimiento del agua. El punto A tiene la coordenada 107342 8435678 y el B 109742 8435078. Arma un diseño sabiendo que cada intersección tiene 3 rampas de distribución tipo Waterhorse y que el Proyecto Esfera establece que el caudal de cada grifo en una emergencia es 0,125 l/s.

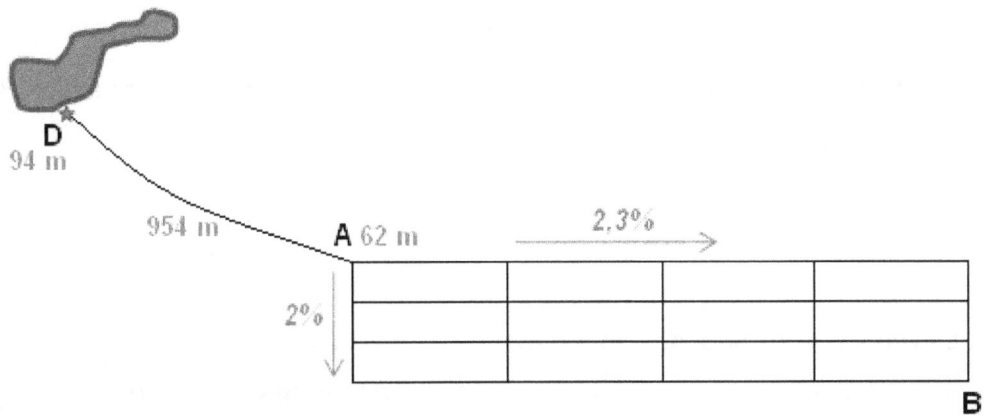

1. Determina la demanda. La rampa descrita en el enunciado es esta:

Cada punto consumirá: 6 grifos/rampa * 3 rampas * 0,125 l/s = 2,25 l/s

2. Establece las dimensiones de las tuberías. Una alternativa es calibrar la imagen. Sin embargo, en este caso tan regular es probablemente más sencillo calcular la longitud de las tuberías horizontales y las verticales.

Horizontales: 107.342m – 109.742m = -2400m

2.400m / 4 tuberías = 600 m/tubería

Verticales: 8.435.678m – 8.435.078m = 600m

600m / 3 tuberías = 200 m/tubería

3. Establece la cota de los puntos. Empezando en A y hacia el Sur, aplica el 2% de la siguiente manera.

200m * 0,02 = 4m

Las cotas de los orígenes de fila son: A, 62m

A1= 62m - 4m = 58m

A2= 58m - 4m = 54m

A3= 54m - 4m = 50m

Igualmente,   600m * 0,023 = 13,8m

Las cotas de la primera fila son 62m; 62-13,8 = 48,2m y así sucesivamente. Las cotas de cada punto son las siguientes:

62	48,2	34,4	20,6	6,8
58	44,2	30,4	16,6	2,8
54	40,2	26,4	12,6	-1,2
50	36,2	22,4	8,6	-5,2

4. Dibuja la red e introduce los datos.

5. Intenta ajustar las presiones de todos los puntos entre 10-30m tanto en la hora punta como en las de menor consumo (introduce la demanda 0 porque no hay un patrón que aplicar). **Cuando te hayas dado por vencido, pasa de página para ver lo que está sucediendo**.

En este sistema es imposible mantener las presiones entre 10 y 30 metros. El problema que tienes es similar al que tiene aquel que se va a dormir con una manta demasiado corta. Si se tapa los pies se deja el torso destapado y al contrario.

La diferencia de altura entre el punto de la malla más alto, a 62m, y el más bajo, a -5,2m es 67,2m... ¡Mucho mayor que el intervalo de diseño!

En los momentos de menor consumo para tener presión 0 bares en A, en B habrá 67,2m de presión, 37 metros por encima del límite máximo de diseño. Para resolver este problema, se divide la red en dos, una cubre las partes altas y otra las bajas. La red de las partes bajas se alimenta a través de un tanque de ruptura de presión.

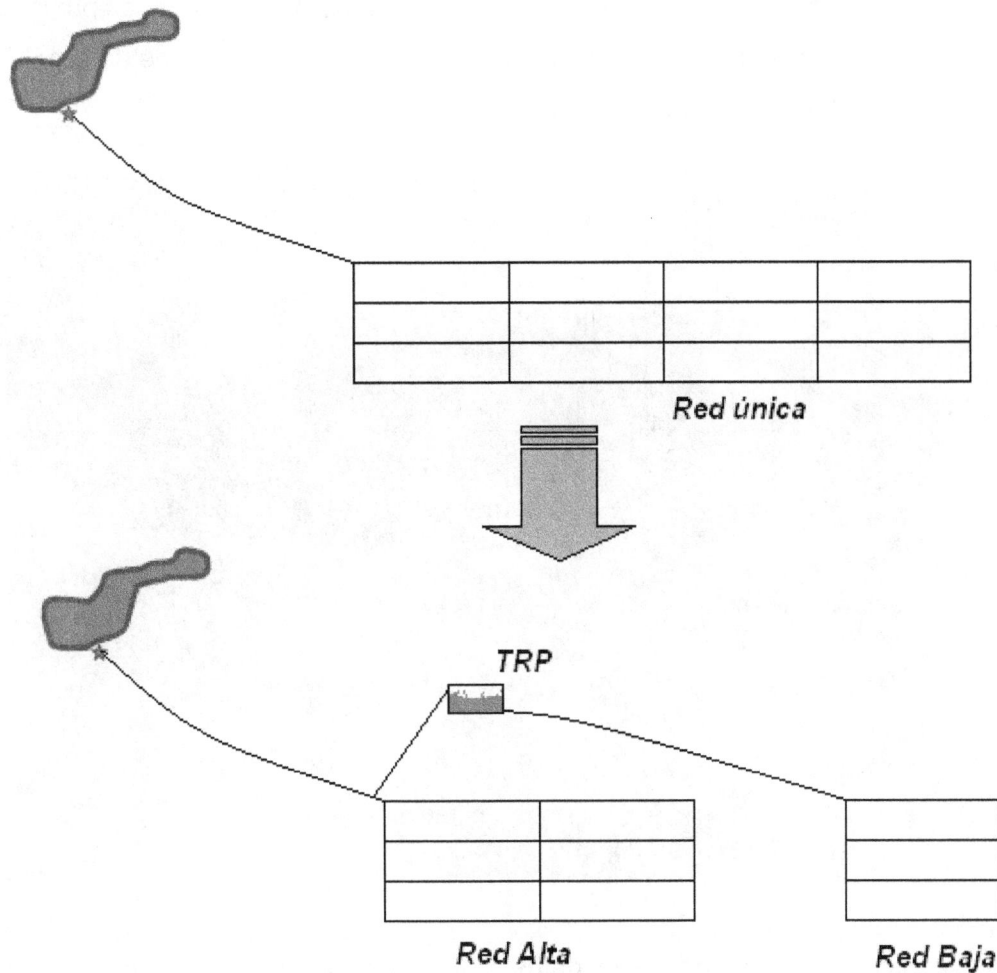

Red única

TRP

Red Alta   Red Baja

El tanque de ruptura de presión aísla las dos redes. Aprovecha esta circunstancia para calcular las redes por separado, mucho más sencillo. Empieza por la Red Baja que es mucho más sencilla, y coloca el TRP como si estuviera en el nudo A, es decir el embalse a 62m de altura. La longitud de la tubería será 1.800m, tres tramos de 600m. Como la red se va a dimensionar según el sistema de distribución, no hace falta patrón de consumo.

Sin embargo, evita proceder así en una emergencia si tu organización tiene los medios para cosas mayores. En mi opinión, usar los criterios del Proyecto Esfera, tipo "un grifo cada 200 personas con un caudal de 0,125l", es una aberración y la mejor forma de tener colas interminables. Las personas, refugiados o no y sobre todo en una emergencia, tienen mejores cosas que hacer que esperar horas y horas en una cola. Estarán preocupados por la suerte de sus familiares y amigos, querrán rescatar lo que quede de sus hogares, buscar combustible, comida…

6. Dibuja el esquema e introduce los datos es esquema de la red baja. Lo mejor probablemente es que guardes el fichero que tengas para volver a el más tarde, lo vuelvas a grabar como Red Baja y elimines los objetos que no necesites.

Con el TRP a 62 metros de cota sigue habiendo sobrepresión. Si en esta subred la cota mínima es -5,2m y la máxima 20,6m, el intervalo de presiones cuando la demanda 0 es 25,8m.

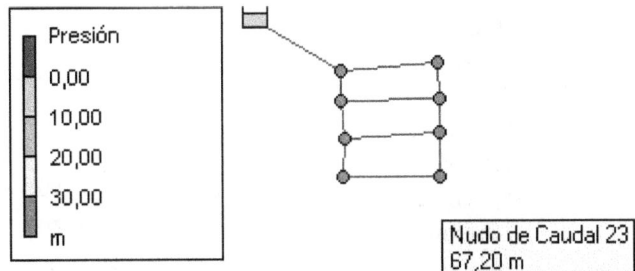

Nudo de Caudal 23
67,20 m

Para evitar fraccionar la red demasiado, aumenta esta cantidad en algo más de 10 metros, lo que dará una presión de algo más de 35,8m cuando no se use la red. Esta presión es sólo algo mayor que el límite máximo de la red. Como hay un punto con cota 34,4m se colocaría el TRP en la salida de este punto de esta manera:

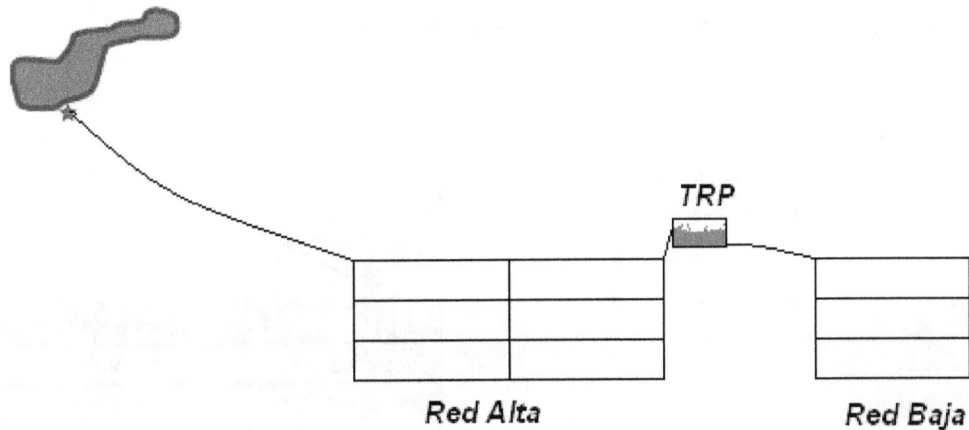

TRP

Red Alta   Red Baja

7. En Epanet, lo único que tienes que hacer es cambiar la cota del TRP a 36m y la longitud de la tubería a 600m. Fíjate que sólo hemos aumentado 10 metros. La razón para esto es que el agua circulará cuesta abajo por la red dispuesta en una pendiente y no necesita presión extra del TRP.

8. Introduce de nuevo la demanda en todos los nudos, y optimiza esta red. Cambia diámetros, elimina tuberías, añádelas, cualquier acción que consideres oportuna. Un posible resultado se muestra a continuación.

ID Línea	mm	m/s
Tubería 1	150	1,02
Tubería 13	100	0,94
Tubería 16	50	0,82
Tubería 26	100	1,06
Tubería 27	75	1,38
Tubería 28	75	0,87
Tubería 29	50	0,33
Tubería 30	50	1,47
Tubería 31	75	1,16
Tubería 8	100	0,55
Tubería 11	200	0,57

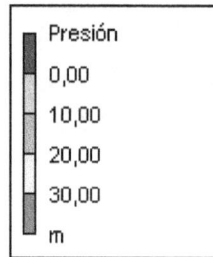

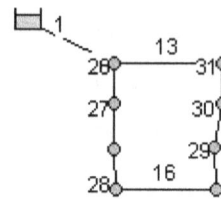

9. Abre el fichero original y elimina esta vez la parte baja. La tubería que desciende del lago D tiene que abastecer ambas redes. Para tener en cuenta los efectos en términos de consumo de la red baja sobre la alta, se coloca un nudo que agrupa todo su consumo: 8 nudos * 2,25 l/s*nudo = 18 l/s

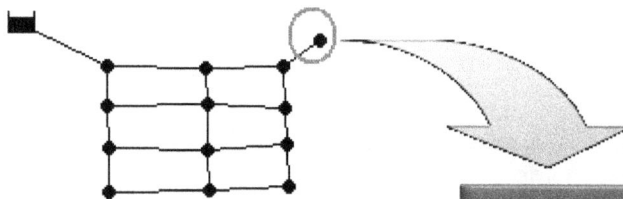

Nudo de Caudal 7	
Propiedad	Valor
Coordenada Y	6094,77
Descripción	
Etiqueta	
*Cota	36
Demanda Base	18
Curva Modul. Demanda	

Fíjate que la altura del lago es excesiva y que en esta línea de bajada también habrá que colocar un TRP.

10. Decide la cota del TRP y optimiza la red (considera que la pendiente del lago a A es homogénea para calcular la longitud de la tubería TRP-A).

Necesitarás compromisos similares a los de otro TRP. Yo he pensado en colocarlo a 72m, lo que me da una longitud de tubería de:

954m -------------- (94-62)m

X   -------------- (72-62)m   → X = 298,125 ≈ 298 metros de tubería

11. Calcula y optimiza la red teniendo en cuenta que el punto que representa la red baja no puede haber menos de 10m de presión. Con esta presión se garantiza el suministro de la red baja. Presiones mayores supondrían un gasto de energía innecesario. Esta solución, por ejemplo, no sería válida por dejar la Red Baja sin agua:

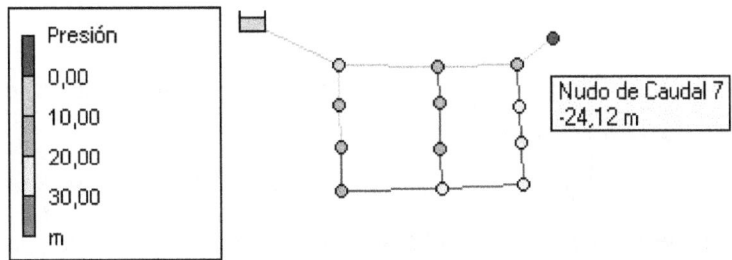

Una solución sería esta, donde para facilitar ampliaciones futuras hacia el sur, se ha tomado la decisión de no instalar tuberías menores de 100mm en el anillo:

ID Línea	mm	m/s
Tubería 1	250	0,92
Tubería 13	150	1,62
Tubería 16	100	0,93
Tubería 26	150	0,8
Tubería 27	100	1,5
Tubería 28	100	1,22
Tubería 29	50	0,38
Tubería 30	50	0,76
Tubería 31	75	0,85
Tubería 2	100	0,31
Tubería 3	100	0,02
Tubería 4	100	0,26
Tubería 5	150	1,28
Tubería 8	100	0,55
Tubería 11	200	0,57

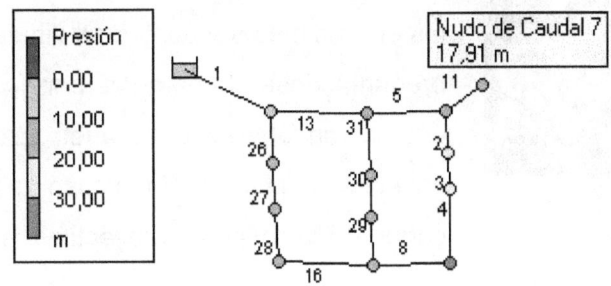

12. Calcula la tubería que baja del Lago al primer TRP. Su longitud es 656m. Observa que es de menor diámetro que TRP-A ya que tiene mayor altura que poder consumir:

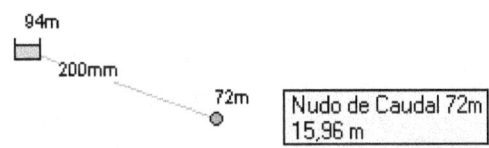

Ejercicio 35.   Incluyendo una bomba

Se quiere abastecer con una bomba desde un río a 0m cuatro fuentes públicas situadas en las esquinas de una manzana de 100x100m, todas ellas a 20m de altura y con un consumo medio de 0,5 l/s. No se tiene ningún dato sobre la variabilidad en el tiempo del consumo. La distancia del río a la primera fuente es 600m. Calcula la red y determina que bomba haría falta.

Lee atentamente la sección "Modelando una estación de bombeo" en el Capítulo 3 del libro de Epanet y Cooperación.

1. Dibuja el esquema. Probablemente has acabado con algo similar a esto:

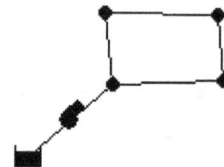

La primera cosa a observar es el sentido en el que se dibuja la bomba. Uno de los errores más frecuentes es dibujar la bomba al contrario y estar preguntándose eternamente por qué no funciona la red. Cuando dibujes objetos que no son tuberías en Epanet, hazlo siempre en la dirección en la que intuyas va a circular el agua. En el caso de la bomba, imagínala como si fuera un cañón. Si "dispara los proyectiles" en la dirección correcta esta bien colocada.

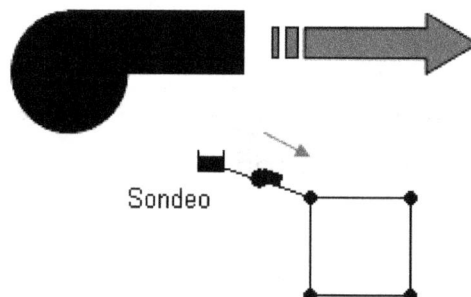

Sondeo

2. Introduce los datos. No se tienen datos sobre la variabilidad del consumo. Para determinar el pico de consumo puedes multiplicar el consumo medio por un número entre 3,5 y 4,5. El coeficiente global de los sistemas de abastecimiento de agua suele estar entre estas cifras. Así, el consumo se transforma en:

0,5 l/s * 3,5 = 1,75 l/s en cada nudo

Es buena idea que al colocar bombas respetes la cronología que se propone a continuación. En caso contrario, te verás envuelto en un proceso iterativo que te consumirá bastante energía.

3. Elimina la bomba. Primero se va a trabajar y equilibrar la red; después se colocará la bomba. La fuente de agua va a ser el embalse por gravedad.

4. Cambia la cota del embalse a la altura del punto más alto de la red incrementado en 10 metros más que el límite máximo de presión:

Cota tentativa del embalse = 20m + 30m + 10m = 60m

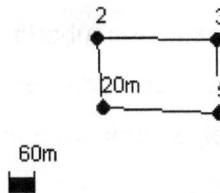

5. Une el embalse con la red y empieza a optimizarla. El objetivo principal es bajar el embalse de altura todo lo posible. Cuanto más alto esté el embalse mayores serán los gastos de bombeo ya que su altura representa la altura que tendrá que vencer la bomba. Cuanto más bajo, menores gastos de bombeo y mayores gastos de instalación ya que las tuberías tendrán que ser de mayor diámetro. En el próximo capítulo se verá como determinar los costes de cada una de las alternativas. De momento usa tu mejor criterio. Una forma de hacerse una idea es mediante el análisis de fricción o pérdida unitaria.

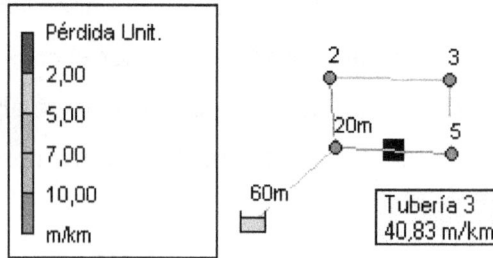

Lee la sección "Criterios de cálculo" en el Capítulo 6 del libro de Epanet y Cooperación para entender el concepto de pendiente hidráulica. Pérdida unitaria y pendiente hidráulica son sinónimos.

6. Trabaja el modelo hasta que tenga valores bajos de pérdida unitaria. Para la tubería de bombeo logra valores menores a 5m/km y para las demás menores a 10m/km.

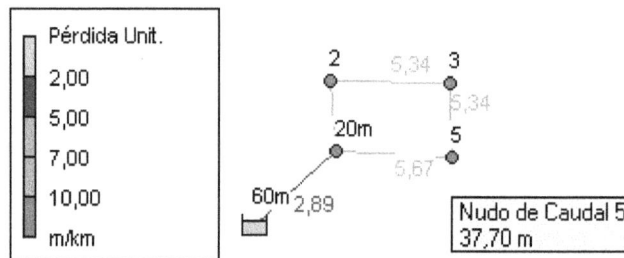

7. Una vez hayas logrado que las tuberías tengan fricciones aceptables tienes determinados los diámetros de las tuberías a utilizar. Observa que la presión es demasiado alta. Esta es la oportunidad para conseguir el objetivo primordial de disminuir la cota del embalse (la altura que deberá vencer la futura bomba). Averigua que cota es adecuada.

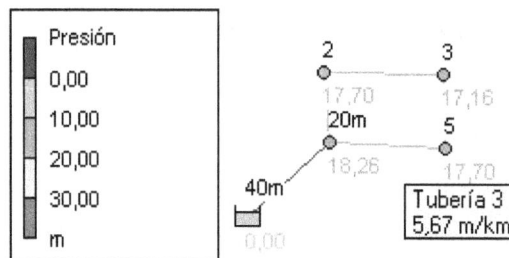

Observa que la fricción de las tuberías no ha cambiado. En este momento ya sabes los parámetros de la bomba que debes instalar. El caudal es:

1,75 l/s*nudo * 4 nudos = 7 l/s * 3.600s/1h * 1 m^3/1.000l = 25,2 m^3/h

La cabeza o altura de bombeo es:

Cota embalse ficticio – Cota real de la fuente = 40m – 0m = 40m

8. Dibuja la bomba. Para ello coloca un nudo en las cercanías del embalse, en mi red es el nudo 6.

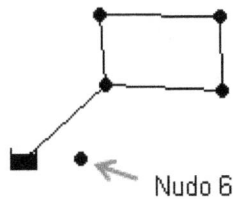

Pincha sobre la tubería del embalse y en las propiedades en Nudo final o Nudo Inicial, según en que orden hayas dibujado la red, cambia desde el embalse al nudo nuevo que has dibujado.

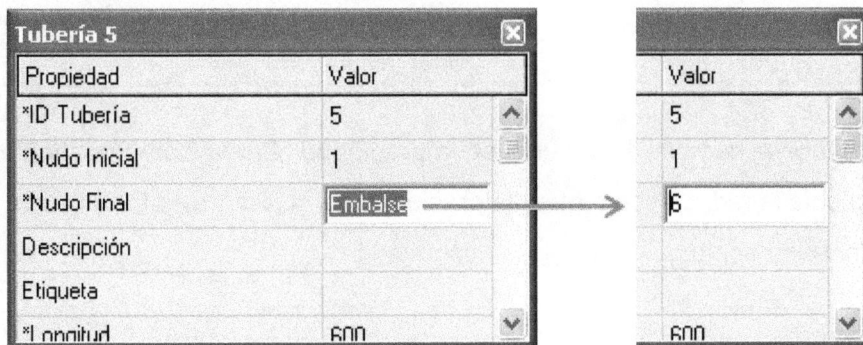

La tubería cambiará y se situará entre el nuevo nudo y el anterior. El nuevo nudo permite colocar la longitud real de tubería ya que la bomba en sí no tiene tubería asociada.

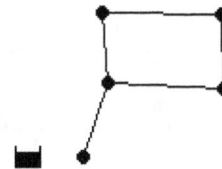

Dibuja la bomba entre el embalse y el nuevo nudo. ¡No olvides cambiar la cota del embalse a 0 nuevamente!

9. Define una curva característica para la bomba, > Visor / Datos /Curvas Comport. /Nueva. Introduce los datos señalados con las flechas y un nombre si lo quieres distinto de "1". El resto de información la coloca Epanet automáticamente:

10. Introduce el nombre de la curva en la propiedad "Curva Característica" de la bomba y calcula la red. Observa que las presiones de la red gravitatoria ficticia y la real bombeada son exactamente las mismas.

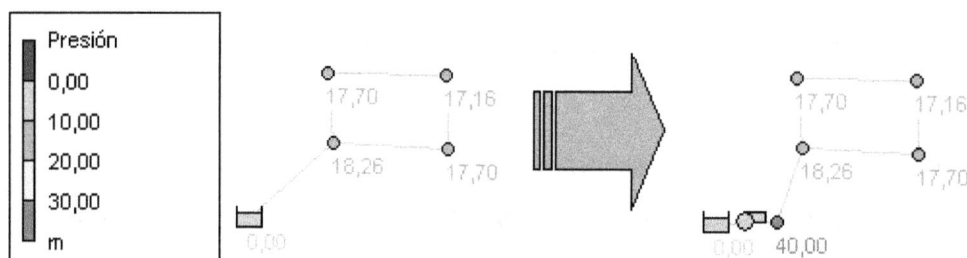

Entonces… ¿¡para que molestarse en incluir bombas!?

Algunas redes con varias bombas interaccionando y patrones de consumo son más fáciles de calcular y analizar en cada momento usando bombas. En el resto, evítalas por completo porque no en todos los casos se comportan tan consideradamente como en este ejercicio ni se muestran tan dóciles.

Ejercicio 36.   Simulando un sondeo

Los análisis de laboratorio del río empleado en el sistema de emergencia del Ejercicio 13 han mostrado un alto contenido en bacterias coliformes. Para evitar que un fallo en la cloración ponga en peligro la salud de la población se ha decidido rehabilitar un antiguo sondeo a 30 metros del lugar de la toma con cota 8m. Los ensayos preliminares han mostrado que el nivel dinámico es 37 metros y que la capacidad del sondeo es 5 l/s. En una colina cerca del segundo grifo se ha encontrado un depósito de cemento de 6x6X2m a una cota de 33m. El depósito está en mal estado pero es recuperable. Rediseña la red incluyendo una bomba. ¿Merece la pena restaurar el depósito?   (Otros datos: 10.000 personas con patrón de consumo 16.pat)

1. Abre el fichero **13.net**, carga el fondo y localiza el depósito. Epanet acepta diámetros y alturas para determinar los parámetros de un depósito. Como el del enunciado es rectangular y no cilíndrico, debes encontrar el cilindro que tiene la misma área que el prisma rectangular real.

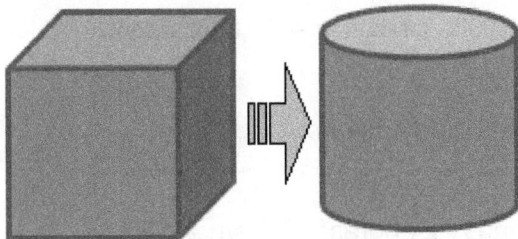

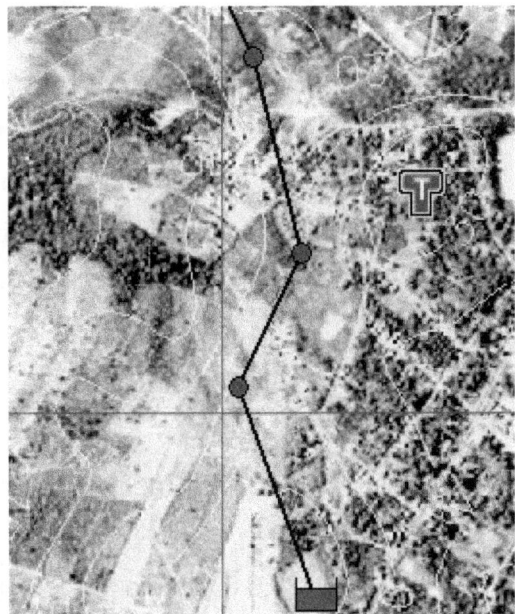

Un depósito de 6m x 6m de lado tiene 36m^2 de superficie. Se trata de encontrar el diámetro de un círculo con 36m^2 de superficie. La ecuación que se plantea es:

$A*B = \pi (D/2)^2 = 36m^2$ El diámetro equivalente a introducir es 6,77m.

$S = \pi (D/2)^2 = 3,14 * (6,77/2)^2 = 36m^2$.

La ecuación genérica, siendo A y B ancho y largo, es: $D = 2\sqrt{\dfrac{A*B}{\pi}}$

2. Dibuja el depósito, introduce estos datos y descarga el fondo. Con el modo Longitud Automática activado, une el depósito a la red.

Depósito 7	⊠
Propiedad	Valor
*Cota de Solera	33
*Nivel Inicial	0
*Nivel Mínimo	0
*Nivel Máximo	2
*Diámetro	6,77

En este sistema hay que trabajar con un patrón de consumo para averiguar si la capacidad del sondeo es suficiente y como funcionaría el depósito existente como tanque de balanceo (es un tanque de cola que no está al final de la red).

3. Decide cuantos litros por persona se van a distribuir. Una manera de hacerse una idea es calcular cuanto agua se produciría en x horas de funcionamiento del sondeo existente y dividirla entre la población existente. Al ser una emergencia ponemos los sistemas en sobreesfuerzo, trabajando 22 horas y dejando 2 para pequeñas puestas a punto.

5 l/s * 3.600 s/h * 22 horas / 10.000 personas = 39,6 l/persona

4. Calcula el caudal medio y carga el patrón de consumo:

39,6 l/persona * 10.000 personas / 24 horas*3.600s/h = 4,58 l/s

4,58 l/s / 5 nudos = 0,92 l/s

5. En este punto puedes averiguar si merece la pena rehabilitar el depósito calculando a mano el tamaño que sería necesario. Alternativamente, puedes ver la evolución del caudal en Epanet.

El tamaño del depósito disponible es 6x6x2= 72m^3

	Mult.	Consumo	Producción	Balance	TOTAL
0:00	0,20	3300	18000	14700	14700
1:00	0,08	1320	18000	16680	31380
2:00	0,02	330	0	-330	31050
3:00	0,03	495	0	-495	30555
4:00	0,06	990	18000	17010	47565
5:00	0,13	2145	18000	15855	63420
6:00	0,34	5610	18000	12390	75810
7:00	0,90	14850	18000	3150	78960
8:00	1,68	27720	18000	-9720	69240
9:00	1,35	22275	18000	-4275	64965
10:00	0,67	11055	18000	6945	71910
11:00	0,56	9240	18000	8760	80670
12:00	1,80	29700	18000	-11700	68970
13:00	2,58	42570	18000	-24570	44400
14:00	3,59	59235	18000	-41235	3165
15:00	2,81	46365	18000	-28365	-25200
16:00	1,24	20460	18000	-2460	-27660
17:00	0,79	13035	18000	4965	-22695
18:00	0,90	14850	18000	3150	-19545
19:00	1,01	16665	18000	1335	-18210
20:00	1,12	18480	18000	-480	-18690
21:00	1,01	16665	18000	1335	-17355
22:00	0,79	13035	18000	4965	-12390
23:00	0,34	5610	18000	12390	0
	24	396000	396000	0	

Volumen	108	m3

Sin embargo, el tamaño necesario sería mayor, 108m^3.

6. Intenta averiguar que cantidad de agua se podría repartir por persona si se utilizara el depósito y evitando presiones negativas.

En la realidad, las personas van a consumir la cantidad de agua que tengan disponible. Sin embargo, este tipo de cálculos es útil ya que la red de agua *enseñará* a las personas a consumir según un patrón más plano. Algunos usuarios evitarán la punta de consumo donde hay más colas y menos presión.

	Mult.	Consumo	Producción	Balance	TOTAL
0:00	0,20	2708	6000	3292	3292
1:00	0,08	1083	0	-1083	2208
2:00	0,02	271	0	-271	1938
3:00	0,03	406	0	-406	1531
4:00	0,06	813	0	-813	719
5:00	0,13	1760	0	-1760	-1042
6:00	0,34	4604	18000	13396	12354
7:00	0,90	12188	18000	5813	18167
8:00	1,68	22750	18000	-4750	13417
9:00	1,35	18281	18000	-281	13135
10:00	0,67	9073	18000	8927	22063
11:00	0,56	7583	18000	10417	32479
12:00	1,80	24375	18000	-6375	26104
13:00	2,58	34938	18000	-16938	9167
14:00	3,59	48615	18000	-30615	-21448
15:00	2,81	38052	18000	-20052	-41500
16:00	1,24	16792	18000	1208	-40292
17:00	0,79	10698	18000	7302	-32990
18:00	0,90	12188	18000	5813	-27177
19:00	1,01	13677	18000	4323	-22854
20:00	1,12	15167	18000	2833	-20021
21:00	1,01	13677	18000	4323	-15698
22:00	0,79	10698	18000	7302	-8396
23:00	0,34	4604	18000	13396	5000
	24	325000	330000	5000	

Volumen	73 m3

A 32,5 litros por persona y día, el tamaño del depósito es aproximadamente el necesario. Aunque este ejercicio se presta a realizar bastantes comprobaciones y probar distintas soluciones, y para mantenerlo manejable para lo que es un libro de ejercicios, sigue calculando la red con esta nueva cifra de consumo.

32,5 l/persona * 10.000 personas / 24 horas*3.600s/h = 3,76 l/s

3,76 l/s / 5 nudos = 0,75 l/s

7. Incorpora los nuevos datos al modelo. Cambia el modo de cálculo a periodo extendido de 72h con la hora de inicio de los resultados a las 14:00.

11. Inicia el proceso de simulación de la bomba mediante un embalse. Añade 30 metros a la tubería del embalse original y cambia la cota del embalse a la altura del punto más alto de la red incrementado en 10 metros más que el límite máximo de presión:

Cota tentativa del embalse = 25m + 30m + 10m = 65m

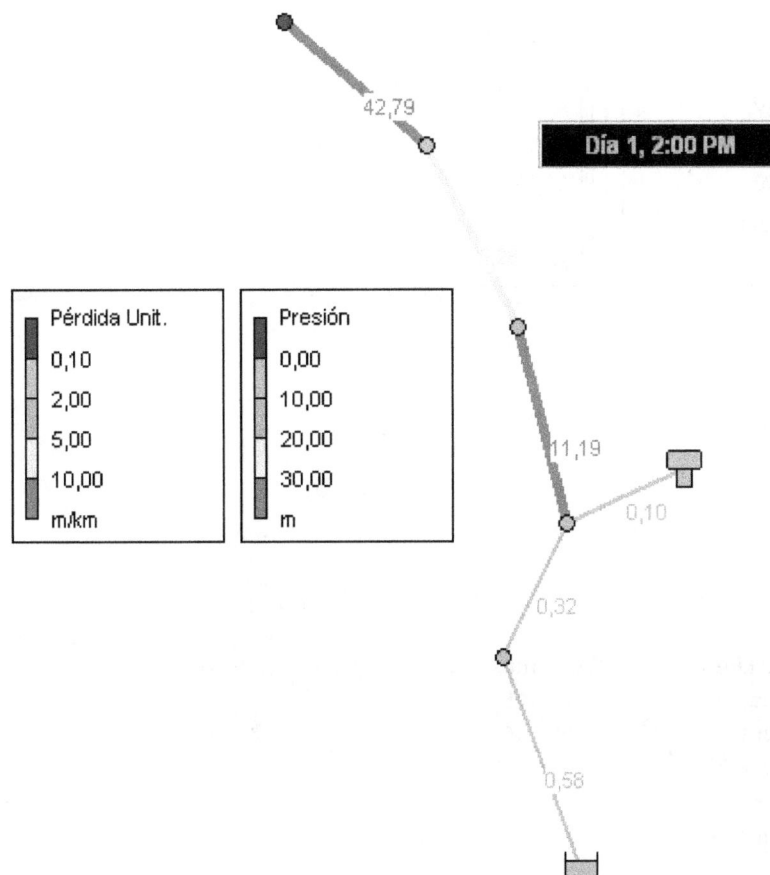

8. La red está completamente desequilibrada. Las presiones son excesivas, la fricción de algunas tuberías es demasiado baja mientras que la de otras alcanza valores de 40 m/km. Trabaja la red y disminuye la altura del embalse.

Una vez hayas conseguido equilibrar el sistema, coloca un nudo que permita representar la longitud real de tubería entre la bomba y la red. A continuación se muestra una posible solución:

Día 1, 2:00 PM

Pérdida Unit.
0,10
2,00
6,00
10,00
m/km

Presión
0,00
10,00
20,00
30,00
m

42m

ID Línea	mm	m/s	m/km
Tubería 5	150	0,76	4
Tubería 6	150	0,61	2,64
Tubería 7	125	0,66	3,77
Tubería 8	100	0,69	5,28
Tubería 9	75	0,61	5,94

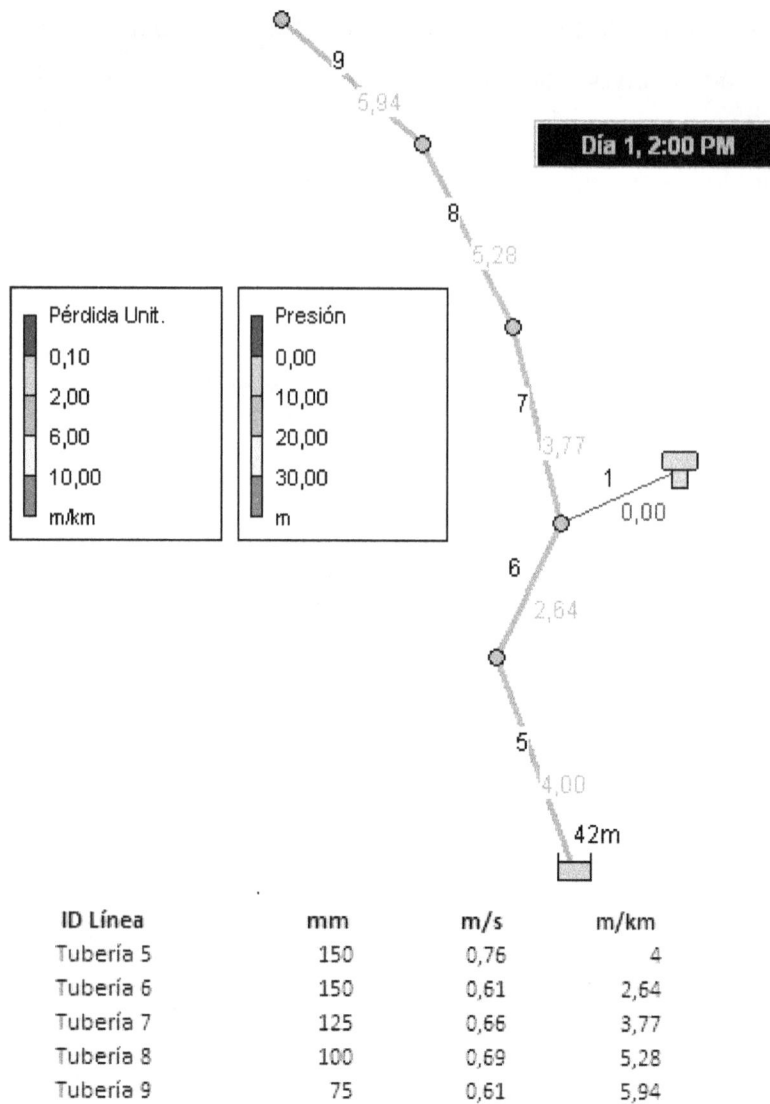

9. Calcula la cota real del embalse y la altura de bombeo:

Cota real = Cota topográfica – Nivel dinámico = 8m – 37m = -29m

Altura bombeo = Cota ficticia - Cota real = 42m – (-29m) = 71m

10. Dibuja la red con la bomba desde el nudo auxiliar (aux) y cambia la cota del embalse:

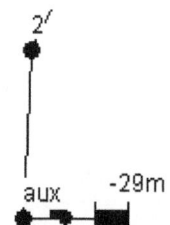

2

aux   -29m

11. Crea una curva característica para la bomba con 71m de cabeza y 5 l/s (> Visor /Datos /Curvas Comport. /Nueva). Introduce el nombre de esta curva en el parámetro Curva Característica de la bomba.

12. Calcula la red. Normalmente la simulación es válida. Si te sale este aviso,

```
AVISO: La Bomba 2 está en marcha, pero
   sobrepasa el caudal máximo a las 15:00:00 hrs.
```

la bomba está funcionando fuera de rango, proporcionando más caudal del especificado. Vuelve a equilibrar la red sin bomba. Si la red exige a la bomba trabajar por encima de su cabeza o altura, Epanet la parará y te avisará:

```
0:00:00: La Bomba B17 está parada por no
   poder suministrar la altura requerida
```

Nuevamente tendrás que volver a equilibrar la red.

13. Según el cálculo de dimensionado del punto 6, la bomba funciona de 6:00 AM a 00:20, un total de 20,33 horas. Para especificar esto debes hacer una curva de modulación similar al patrón de consumo, donde 1 significa encendida y 0 apagada, (> Visor /Datos /Curvas Modul. /Nueva).

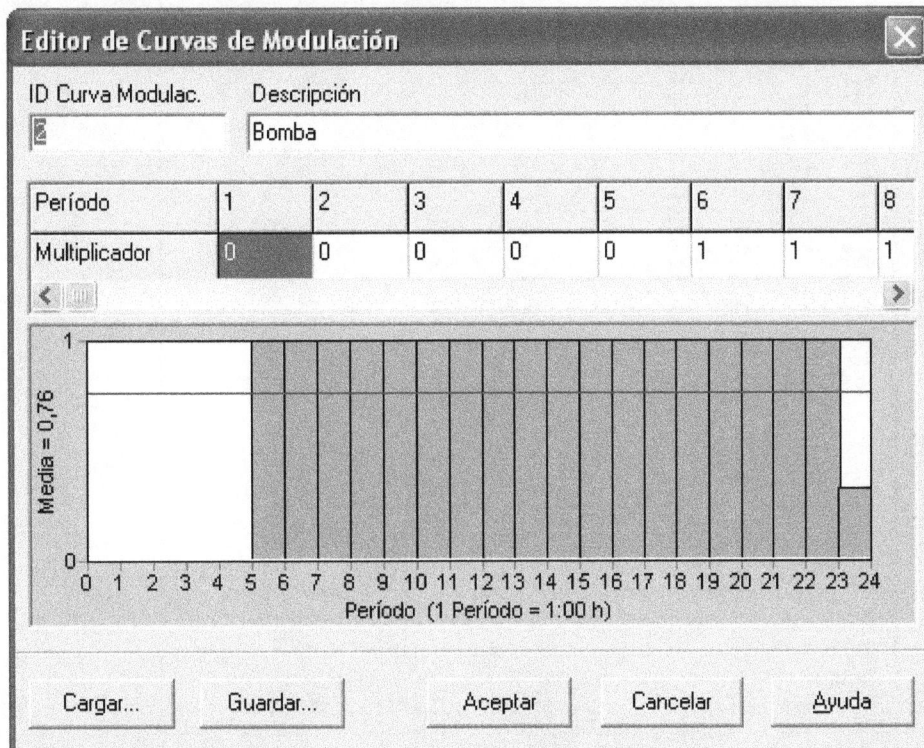

14. Especifica esta curva de modulación en la bomba en el parámetro Curva Modulac. Velocidad.

15. Coloca la hora de Inicio de resultados de nuevo en las 0:00 y calcula la red.

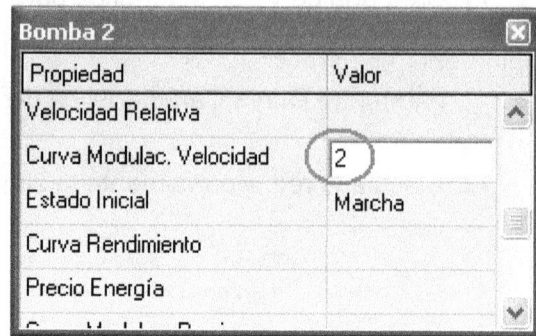

Por si a estas alturas ya pensabas que la complicación de las bombas no era para tanto, aquí tienes el mensaje de error correspondiente:

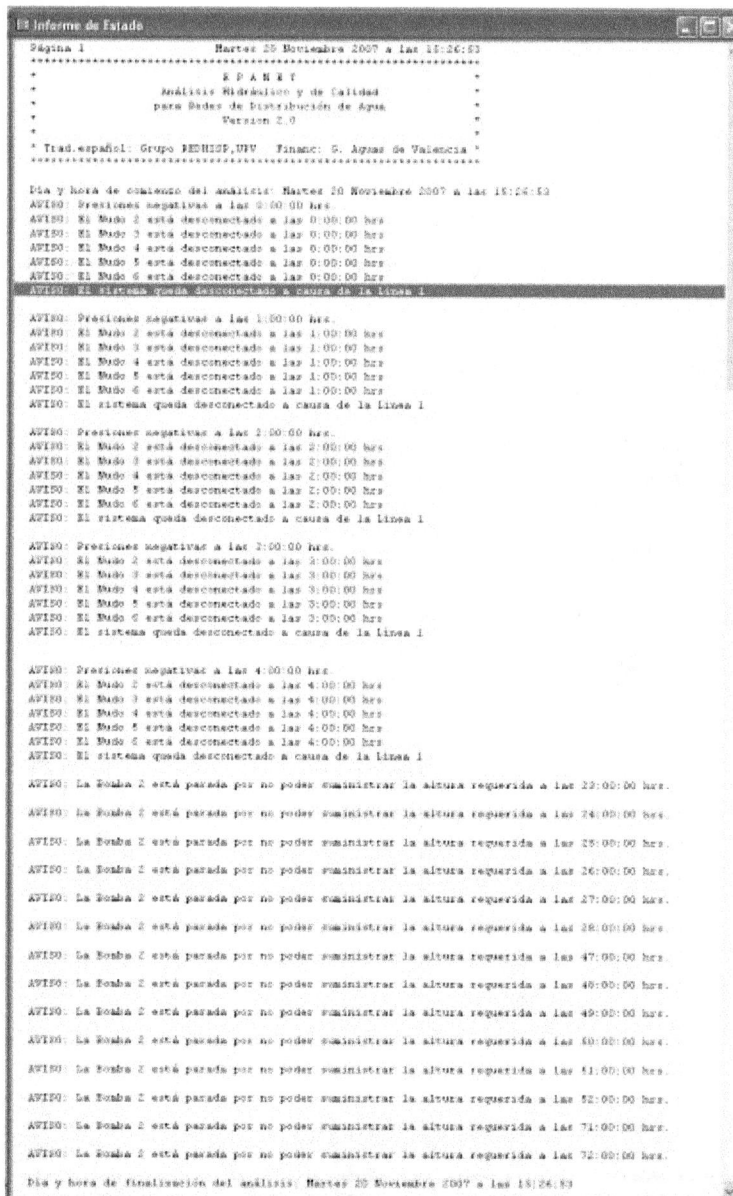

Sin embargo, no es el volumen sino la creatividad en los errores de bombas la que es intimidante. Gran parte de estos mensajes son repetitivos.

16. Por una cantidad inicial en el depósito. Esto hará desaparecer los mensajes tipo "El nudo 2 está desconectado". Si la bomba no funciona y en el tanque no hay agua, en la red no circula el agua, "esta desconectada". Por ejemplo, puedes suponer que está lleno, por tanto su Nivel Inicial es 2.

Depósito 7		☒
Propiedad	Valor	
Descripción		^
Etiqueta		
*Cota de Solera	33	
*Nivel Inicial	2	
*Nivel Mínimo	0	∨

Esto hará desaparecer gran parte de los errores del principio dejando sólo un error de altura.

17. En la Curva de comportamiento de la bomba pon una altura desmesurada, por ejemplo, 200. Verás que el error sigue habitando en tu red y no es una cuestión de altura.

Recuerda esta técnica de la exageración. Es particularmente útil en errores creativos en los que la causa del problema y el error que produce Epanet son completamente independientes. Te evitará perder mucho tiempo en pequeños ajustes progresivos hacia ninguna parte.

Fíjate que el problema se presenta a las 23:00 horas (correspondiente a las 0:00, ya que Epanet comienza a la 1:00), es decir casi al final del día. Si cambias el multiplicador 0,33 por 1, no tendrás más errores. Colocando multiplicadores 1 o 0, te evitarás muchos problemas.

Los problemas de bombas son muchos y variados. No son particularmente difíciles pero pueden consumir mucho tiempo y ser algo desesperantes. Recuerda que la principal manera de evitarlos es preguntarse si realmente aporta algo tener la bomba en el modelo. En Cooperación la mayoría de las veces la respuesta es NO.

Guarda el archivo como **36.net**.

Ejercicio 37. Esqueletización

Se quiere instalar una red de agua en la zona de servicio donde cada edificio consume permanentemente 0,1 l/s. Para ello se tiene una fotografía aérea de la zona que mide 928mx1.425m. La zona es completamente plana y se alimenta con un bomba de calderin fijada a una presión de 2 bares localizada donde confluyen las carreteras. Construye y equilibra la red. ¿Hasta que punto se puede esqueletizar?

La bomba a la que se refiere el enunciado tiene un balón hinchado a 2 bares. Cuando la presión cae por debajo de 2 bares, se arranca automáticamente.

Descarga el archivo **37.zip** para obtener la imagen aérea.

1. Una vez configurado Epanet, carga la imagen de fondo e introduce sus dimensiones. Recuerda que tienes que transformar la imagen a .bmp. Quizás tengas que aclararla para ver mientras dibujas.

2. Dibuja la red. Puedes substituir la bomba por un embalse con 20m de cota. El resto de los nudos tendrán cota 0. El resultado se muestra en la página que sigue.

3. Introduce la demanda de los nodos.

Ya te habrás dado cuenta de lo laborioso que es hacer el modelo de esta red tan sencilla, incluso si todas las cotas son iguales, todos los consumos son iguales y Epanet se encarga de introducir las longitudes.

4. Para mantener el ejercicio manejable, cambia el diámetro de todas las tuberías a 75mm y calcula la red.

Guarda el ejercicio como **37completo.net**.

5. Empieza el proceso de esqueletización eliminando los ramales sencillos. El consumo del nudo del ramal pasa al nudo de la tubería general al que estaba unido.

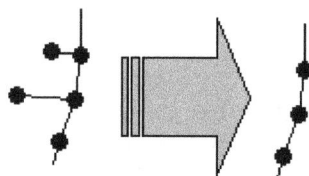

Observa que la presión de ese nudo antes y después del cambio es la misma; ambos modelos son equivalentes, pero el segundo ya es algo más simple.

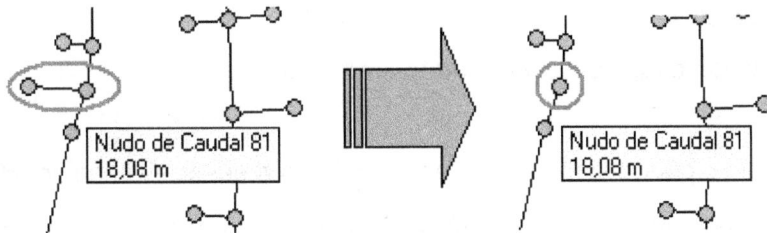

6. Antes de terminar de esqueletizar todos los ramales sencillos, observa que hay ramales algo más complicados que también se pueden resumir en un nodo. Así te evitarás trabajo esqueletizando ramales simples parte otros ramales algo más complejos que se van a esqueletizar más tarde. El ramal A se resume en el punto a, con un consumo de 3*0,1 l/s = 0,3 l/s. El ramal B en el punto b con un consumo de 2*0,1 l/s = 0,2 l/s.

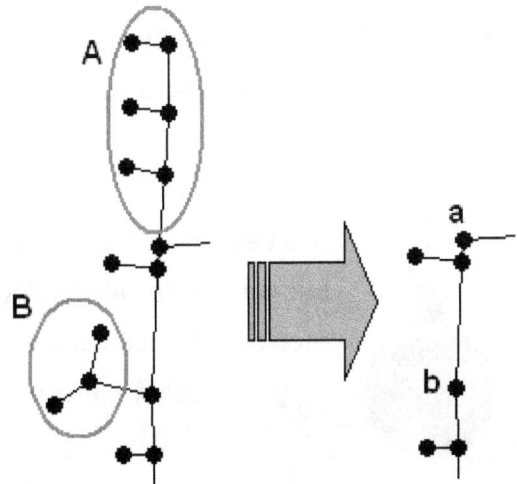

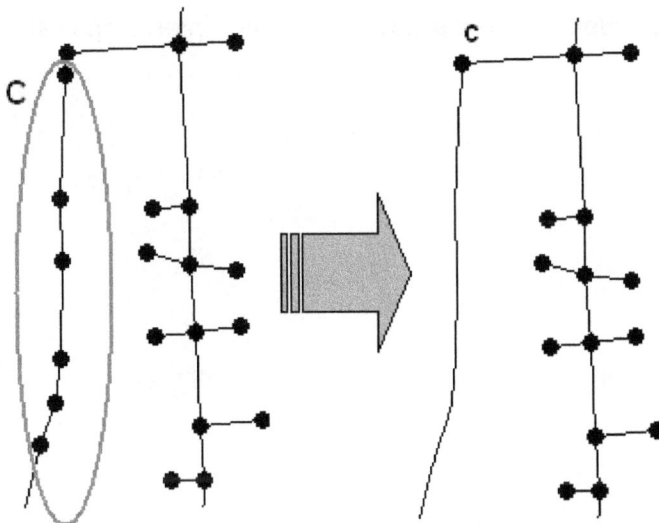

7. Otra forma de esqueletizar es eliminar varios nudos consecutivos, siempre y cuando alguno de ellos no sea un gran consumidor. Todos los nudos en la línea C se convierten en un único nudo c, que hereda todos los consumos.

Observa que el proceso de esqueletización en sí consume mucho tiempo cambiando demandas bases, redibujando tuberías, etc. Por eso en la mayoría de casos, y salvo que te asalten las dudas, es mejor dibujar la red ya esqueletizada. Dos casos evidentes ya los has visto, pequeñas tuberías de conexión a las casas y pequeños ramales.

No hay mucho que se pueda sistematizar en el proceso de esqueletización. Hasta este punto has visto el proceso que te va a ahorrar mucho trabajo sin correr grandes riesgos. A partir de ahí, puedes experimentar comprobando los resultados entre un modelo con el cambio y el modelo original para ver hasta que punto se puede simplificar.

Sin embargo, será raro que esqueletices más allá de lo visto aquí. La razón principal es que para hacer análisis de calidad necesitas el modelo completo y los proyectos de Cooperación rara ver tendrán una complejidad que justifique mantener dos modelos.

¡No uses modelos más esqueletizados de lo que has visto aquí para evaluar parámetros de calidad del agua! El modelo esqueletizado tiene menor recorrido de tuberías y líneas de circulación en un único sentido, y esto altera en gran medida los resultados.

Puedes continuar con este ejercicio, acuérdate de ir grabando las diferentes etapas si quieres compararlas.

7

Economía

> ➤ *El dinero es como el estiércol, si se amontona huele.*

(Oscar Wilde)

Aspectos económicos

Los aspectos hidráulicos son importantes para que el servicio exista. Los aspectos económicos son determinantes y la diferencia entre que una red sea otro amasijo de chatarra humanitaria o un servicio clave que potencia el desarrollo social y económico de una comunidad.

Para desarrollar una perspectiva más completa de los aspectos económicos lee el Capítulo 7 del libro de Epanet y Cooperación.

Facturas

Toda actividad tiene dos tipos de facturas. La **factura por inversión** es la factura por compra de equipos o la instalación de la red. La **factura por funcionamiento** resume los costes del día a día. A medida que aumenta el gasto por inversión, por ejemplo, aumentando el diámetro de una tubería, disminuye el gasto por funcionamiento, consumo de la bomba. La solución más económica es aquella que minimiza la suma de ambas facturas, el punto más bajo de la curva de Gasto total.

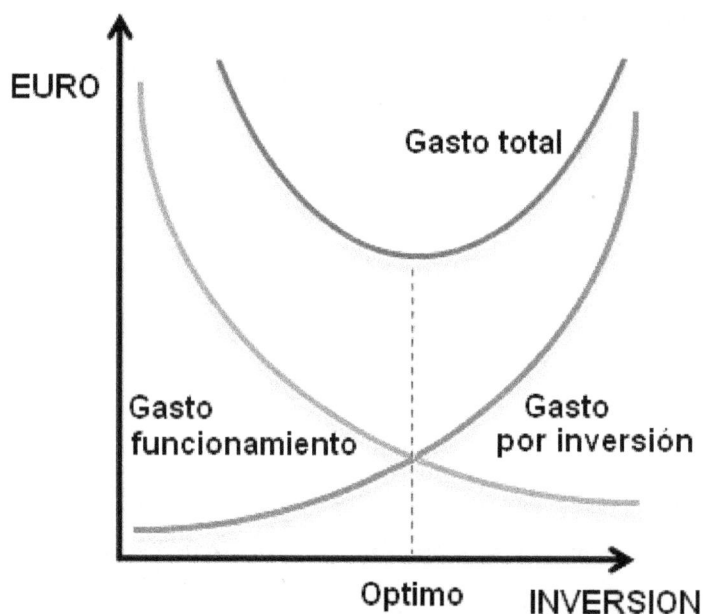

Comparación de facturas

Para que las facturas sean comparables se deben llevar a mismo instante en el tiempo, normalmente al principio del proyecto. La factura por funcionamiento es fácil de determinar salvo los costes aleatorios, como averías. Normalmente son despreciables con respecto a los costes principales: bombeo y tratamiento del agua.

Para la factura por inversión hay que tener en cuenta los efectos de la inflación y la depreciación del dinero con el tiempo, además de tener en cuenta la amortización durante la vida útil (periodo de diseño). Usa estas fórmulas sucesivamente:

$$r = \frac{1+i}{1+s} - 1$$

r, tasa de interés real
s, inflación
r, interés bancario

$$a_t = \frac{(1+r)^T * r}{(1+r)^T - 1}$$

a_t, factor de amortización

$$F = M * a_t$$

F, factura anual por inversión
M, suma invertida

En Cooperación, asígnale una mayor importancia a los gastos de funcionamiento cuando los gastos de inversión los asuma un donante. Si te enfrentas a una cantidad límite impuesta por el donante disminuye el tamaño de la intervención y hazla más modesta, pero resiste la tentación de aumentar los gastos de funcionamiento.

Frecuentemente las bombas funcionan con un generador. Un generador medio consume aproximadamente de 0,3 litros de diesel por kWh producido.

La capacidad para pagar

Si el proyecto acaba siendo chatarra humanitaria o no depende de la percepción de los usuarios del sistema. Un sistema que exige más recursos que lo que los usuarios quieren invertir se abandonará. Es muy importante que los costes de funcionamiento y de recuperación de la inversión estén por debajo de lo que los usuarios están dispuestos a pagar. Averigua esta cantidad y considérala tu criterio de diseño principal, por encima de presión, pendiente hidráulica y demás. Se humilde. La decisión sobre esa cantidad no es tuya, es una decisión de los usuarios. A modo de orientación, según el PNUD no debería ser superior al 3% de los ingresos familiares.

Ranking de gastos

En los proyectos en los que he trabajado, la distribución de gastos es la siguiente:

1º. Tuberías y accesorios	36 %
2º. Excavaciones	31 %
3º. Lecho de arena	16 %
4º. Cajas de válvulas	11 %
5º. Instalación tuberías	5 %

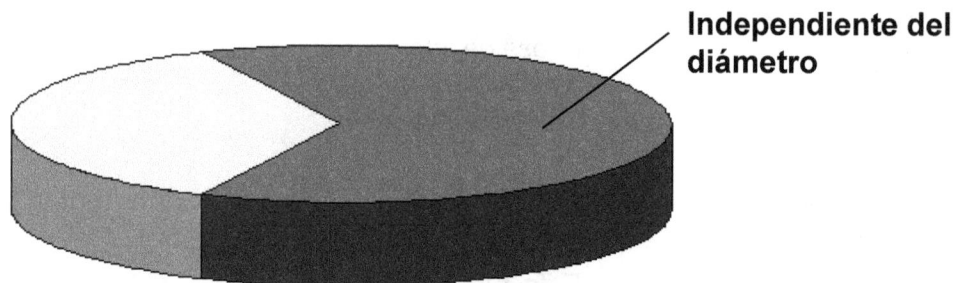

Independiente del diámetro

La conclusión es interesante:

¡Dos terceras partes del gasto es independiente del diámetro de la tubería!

Lee el apartado "Diametrosis seca" en el Capítulo 7 del libro de Epanet y Cooperación para saber cómo sacar provecho de esta circunstancia y evitar los problemas más frecuentes por excesivo celo economizador.

Montajes derrochadores frecuentes

Antes de dar por bueno un diseño, comprueba que no estas en uno de estos casos:

a. <u>Gigantismo</u>. Consiste en colocar tuberías mucho más grandes de lo realmente necesario, perjudicando la calidad, aumentando el coste de inversión y el de mantenimiento.

b. <u>Redundancia</u>. Consiste en colocar tuberías que no aportan capacidad de transporte en lugares donde la geografía no las hace necesarias.

c. <u>Estrangulamiento</u> de las fuentes. Es el caso de una red con tuberías demasiado pequeñas a la salida de un depósito, embalse o bomba.

Ejercicio 38. La factura por inversión

El periodo de diseño de la red de Ceel Dherre es de 25 años con un presupuesto total de 100.000 Euros. La inflación local es del 3% y los bancos prestan el dinero al 4%. ¿Cuál es el coste anual de la inversión?

1. Calcula la tasa de interés real. El interés es i = 0,04 y la inflación s = 0,03 luego:

$$r = \frac{1+i}{1+s} - 1 = \frac{1+0,04}{1+0,03} - 1 = 0,00097$$

2. Calcula el factor de amortización:

$$a_t = \frac{(1+r)^T * r}{(1+r)^T - 1} = \frac{(1+0,0097)^{25} * 0,0097}{(1+0,0097)^{25} - 1} = 0,04524$$

3. Calcula la factura anual:

F = 100.000 Euros * 0,04524 años^{-1} = 4.524 Euros

Observa que es diferente a 100.000 Euros/ 25 años =4.000 Euros/ año. Eso se debe a que el valor corregido de la inversión, llamado **valor presente**, es F * 25 años = 113.109 Euros y no simplemente 100.000.

Ejercicio 39.   Gastos de bombeo

Una estación de bombeo llena un tanque desde el que se abastece la ciudad. La bomba hace llegar 7 l/s al tanque y consume 10 kWh según el fabricante. La población abastecida es de 1.200 personas y se ha establecido que cada habitante recibirá 50 litros diarios. El precio del kWh es de 0,155 Euros y no varía durante el día. ¿Cuál es la factura de bombeo? Si la electricidad proviene de un generador y el coste del diesel es 1 Euro/litro, ¿cuál es la nueva factura?

1. Establece el coste por m^3 de agua. En una hora, la estación bombeará:

    7 l/s * 3.600 s /h * 1 m^3/1.000 litros = 25,2 m^3/h.

    El coste de bombeo por hora será:

    10 kWh * 0,155 Euros = 1,55 Euros/hora

    Y el coste por m^3:

    1,55 Euros/h / 25,2 m^3 /h = 0,0615 Eur/m^3

2. Determina el coste anual:

    365 días/año * 1.200 hab * 50 l/hab*día * 1 m^3/1000 litros = 21.900 m^3/año.

    21.900 m^3/año * 0,0615 Eur/m^3 = 1.347 Eur/año

3. Si la electricidad proviene del generador el coste de funcionamiento será:

    10 kWh/ hora funcionamiento * 0,3 litros/kWh * 1 Euro/ litro = 3 Euros / h

    3 Euros/h / 25,2 m^3 /h = 0,12 Eur/m^3

    21.900 m^3/año * 0,12 Eur/m^3 = 2.628 Eur/año.

Ejercicio 40.   Comparación de alternativas

Sharhjaj está situado a 12km del río Singag en India, donde los bancos prestan el dinero al 2%. Se han planteado dos alternativas:

  a. *Un proyecto gravitatorio desde el río con un presupuesto total de 120.000 Euros. La toma filtra el agua del río y se ha establecido que la dosis de cloro necesaria es 1,7 ppm. El precio del cloro HTH al 70% es de 7 eur/kg.*

  b. *La construcción de un proyecto basado en un sondeo con un coste total de 59.000 euros. La curva del fabricante (GRUNDFOS) y las condiciones de bombeo se muestran a continuación. La electricidad proviene de la red del pueblo y tiene una tarifa de 0,2 eur/kWh.*

¿Qué alternativa es más rentable para 50.000m^3 anuales de agua?

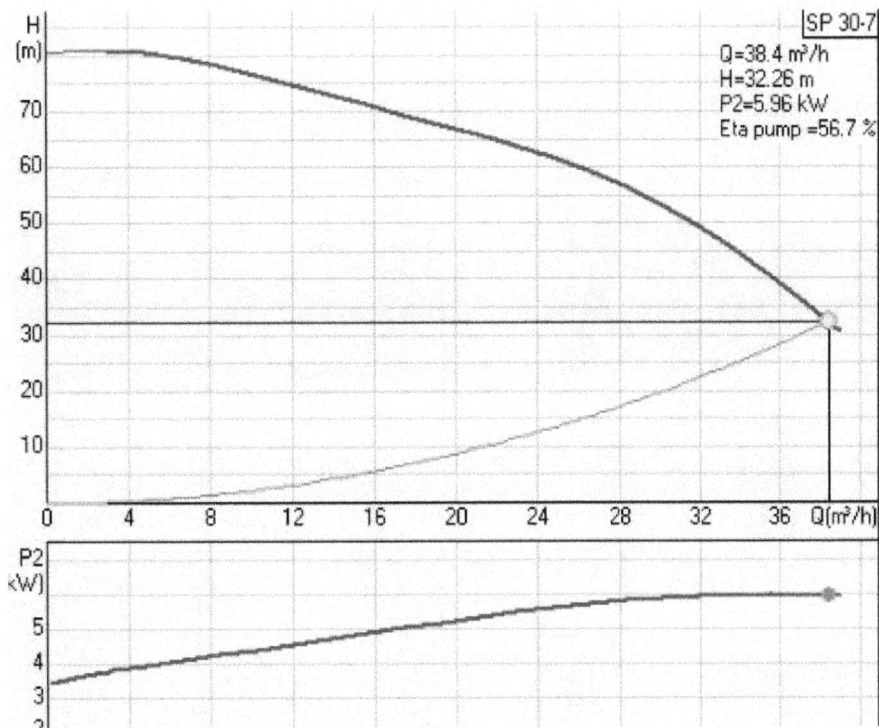

1. Averigua los datos de inflación de India. Puedes usar el sitio del banco mundial: http://go.worldbank.org/WLW1HK71Q0

2. Calcula la factura por inversión de la alternativa A.

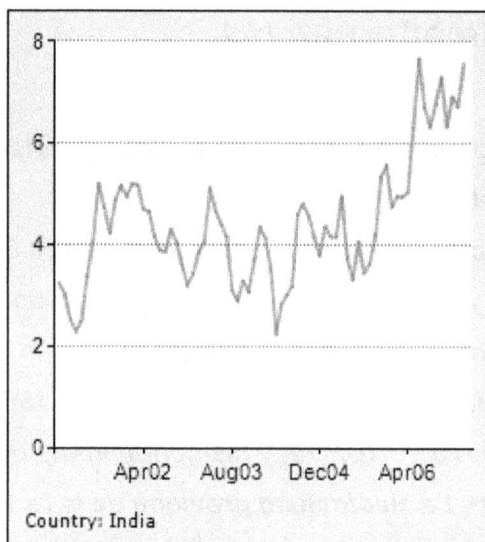

Aunque hay una tendencia al aumento en el último año, se puede decir que la inflación varía entorno al 4%. La factura anual es:

Interés bancos i	0,02
Inflación s	0,04
Periodo (años)	30
Inversión M	120000
Tasa de interés real r	-0,0192
Factor amortización at	0,02432472
Factura anual A	**2919**

Detente un segundo a observar como varia la factura anual en función del interés y de la inflación.

Si el interés es mayor que la inflación, la factura anual aumenta:

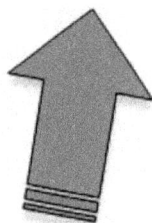

Interés bancos i	0,05	
Inflacción s	0	
Periodo (años)	25	
Inversión M	100000	Moneda
Tasa de interes real r	0,0500	0,0500
Factor amortizacion at	0,07095246	
Factura anual F	**7095**	Moneda

Si el interés es menor que la inflación, la factura anual decrece:

Interés bancos i	0	
Inflacción s	0,05	
Periodo (años)	25	
Inversión M	100000	Moneda
Tasa de interes real r	-0,0476	0,9524
Factor amortizacion at	0,01995472	
Factura anual F	**1995**	Moneda

La conclusión es interesante:

En países con inflación alta se deben favorecer las inversiones. En países inflación baja se debe decantar la balanza hacia los gastos de funcionamiento.

3. Averigua la factura por inversión de la alternativa B.

Interés bancos i	0,02
Inflación s	0,04
Periodo (años)	30
Inversión M	59000
Tasa de interés real r	-0,0192
Factor amortización at	0,02432472
Factura anual F	**1435**

4. Averigua la factura por funcionamiento de la alternativa A. 1,7 ppm es lo mismo que 1,7 mg/l. Teniendo en cuenta que el cloro es al 70%, la cantidad que se necesita es:

50.000 m^3/año * 1,7 mg/l * 1.000 l/m^3 * 1kg/1.000.000 mg / 0,7 = 121,43 kg/año

121,43 kg/año * 7 Eur/kg = **850 Euros/año**

5. Averigua la factura por funcionamiento de la alternativa B. Los datos de la figura del fabricante son 38,4 m^3/h y 5,96 kWh. El número de horas de funcionamiento y el gasto en kWh son:

50.000 m^3/ año / 38,4 m^3/h = 1.302 horas/año

1.302 h/año * 5,96 kW = 7.760 kWh/año

7.760 kWh/año * 0,2 Eur/kWh = **1.552 Euros/año**

6. Compara las facturas:

Opción	Gravedad	Sondeo
Inversión	2919	1435
Funcionamiento	850	1552
TOTAL	3769	2987

A falta de otros criterios, la alternativa del sondeo es más deseable.

Ejercicio 41.   Países volátiles

Doomborale está situado a 6km del río Shabelle en Etiopía donde los bancos prestan el dinero al 4%. Nuevamente, se han planteado dos alternativas:

   a. *La rehabilitación de los canales hasta las cercanías del asentamiento con un presupuesto total de 45.000 Euros.*

   b. *La construcción de una línea desde el río a una depresión natural existente. El consumo de la bomba se estima en 4.600 Euros anuales y la inversión 12.000 Euros.*

¿Qué alternativa es más rentable?

1. Averigua los datos de inflación de Etiopia. Según el banco mundial, la evolución de la inflación en los últimos años es la siguiente:

Guarda la calculadora, aquí no hace falta que calcules gran cosa...

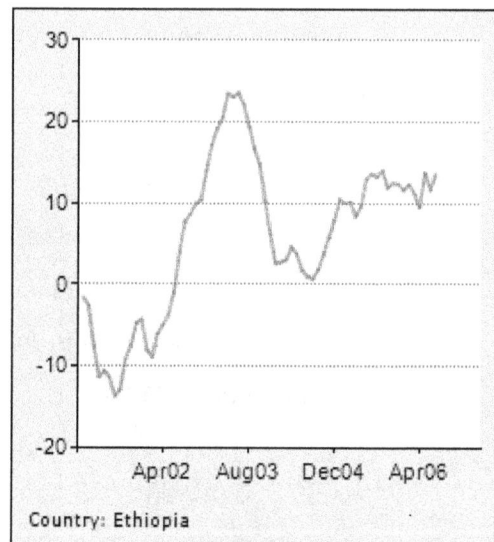

Country: Ethiopia

En aquellos países con inflación variable, prioriza la inversión inicial sobre cualquier gasto de funcionamiento. Por un lado, el dinero perderá rápidamente valor. Por otro lado, se corre el riesgo de que el coste de los productos, notablemente el combustible, se suba muy por encima de lo que los usuarios pueden pagar. El sistema dejará de funcionar justo cuando los usuarios son más vulnerables.

Se debe rehabilitar los canales.

Ejercicio 42.   Diámetro económico

Calcula el diámetro económico de una tubería de impulsión de 2.600 metros para un caudal de 10 l/s y 4.000 horas anuales de trabajo, si la inflación es del 2%, el interés el 5%, el rendimiento cable-agua es del 60%, el precio del kWh es 0,08 Eur y el del PEAD es:

DN	Precio Eur/m	DN	Precio Eur/m
32	0,629	110	6,757
40	0,918	125	9,213
50	1,445	160	14,518
63	2,242	200	22,400
75	3,242	225	28,108
90	4,518		

Se trata de encontrar la solución más barata como en el ejercicio anterior. Para simplificar ignoramos el coste de la bomba de momento. Se verá en el próximo ejercicio.

1. Con la fórmula de Mougnie de velocidades óptimas puedes situarte en una franja de diámetros. Utiliza la forma de la derecha, modificada para caudales y asume la velocidad máxima V_{max} = 1 m/s

$$V_{max} = 1,5\sqrt{D + 0,05} \quad \rightarrow \quad Q_{max} = \frac{0,1\pi D}{4}V_{max}$$

0,01 m³/s = 0,1 π D * 1m/s / 4   D= 0,127m

Podemos realizar los cálculos para tuberías de 100mm, de 125mm y de 150mm.

2. Presupuesta la inversión en tuberías:

100mm:	2.600m * 6,757 = 17.568 Eur
125mm:	2.600m * 9,213 = 23.954 Eur
150mm:	2.600m * 14,518 = 37.747 Eur

3. Calcula la factura anual de la inversión:

Interés bancos i	0,05
Inflacción s	0,02
Periodo (años)	30
Inversión M	17568
Tasa de interes real r	0,0294
Factor amortizacion at	0,05063209
Fact. anual 100mm	**890**

Interés bancos i	0,05
Inflacción s	0,02
Periodo (años)	30
Inversión M	23954
Tasa de interes real r	0,0294
Factor amortizacion at	0,05063209
Fact. anual 125mm	**1213**

Interés bancos i	0,05
Inflacción s	0,02
Periodo (años)	30
Inversión M	37747
Tasa de interes real r	0,0294
Factor amortizacion at	0,05063209
Fact. anual 150mm	**1911**

4. Calcula con Epanet la pérdida por presión en los 3 escenarios. Para ello monta este sistema:

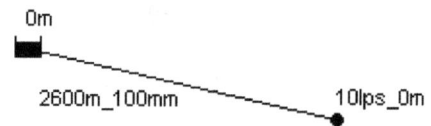

5. Calcula la red, ignora los mensajes de presión negativa y observa el valor de presión en el nudo:

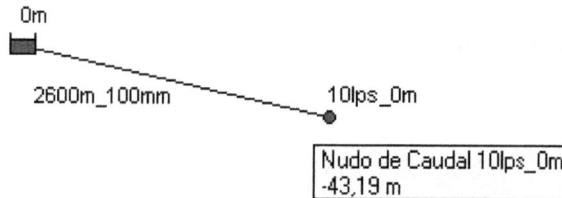

La pérdida de presión por fricción es 43,19m en el caso de tubería de 100mm.

6. Cambia sucesivamente el diámetro de la tubería y anota los valores:

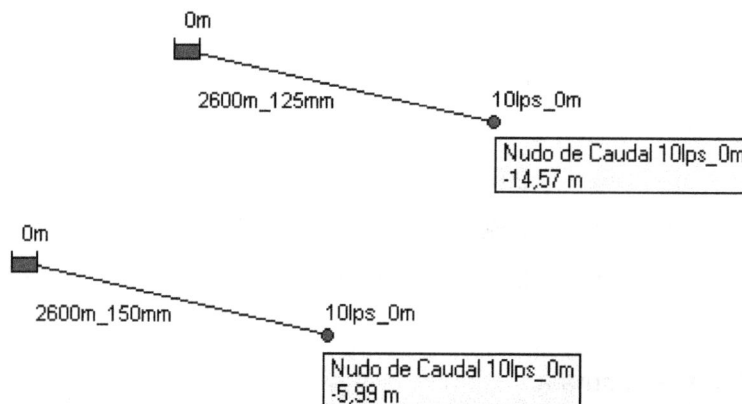

7. Calcula el coste energético de cada alternativa. Asume que el rendimiento es muy similar para las distintas alturas de bombeo. Si quieres ser muy preciso entonces tendrías que seleccionar una bomba para cada escenario y usar su rendimiento.

La energía consumida por cada metro de altura de desnivel es:

E consumida = mgh / μ   M, masa , g = 9,81 m/s^2 , h, altura y μ, rendimiento

E= 4.000 horas/año * 10 l/s * 3.600s/h * 1m / 0,6 =2.354.400.000 j

2.354.400.000 j * 1 kWh/3600000j = 654 kWh/m

100mm:	43,19m * 654 kWh/m * 0,08 Eur/kWh =	2.260 Eur
125mm:	14,57m * 654 kWh/m * 0,08 Eur/kWh =	762 Eur
150mm:	5,99m * 654 kWh/m * 0,08 Eur/kWh =	314 Eur

8. Averigua que opción tiene la factura total más barata:

Opción	Inversión	Funcionamiento	TOTAL
100mm	890	2260	3149
125mm	1213	762	**1975**
150mm	1911	314	2225

El diámetro a instalar es 125mm.

Ejercicio 43.   Diámetro económico II

En el ejercicio anterior se ha estimado que las bombas duran aproximadamente 5 años. La bomba necesaria para la opción 100mm cuesta 9.800 EUR, la de la opción 125mm cuesta 6.300 Eur y la de la opción 150mm 5.800 Eur. ¿Cuál es la opción más económica?

1. Calcula la factura por inversión de cada bomba:

Interés bancos i	0,05
Inflacción s	0,02
Periodo (años)	30
Inversión M	9800
Tasa de interes real r	0,0294
Factor amortizacion at	0,0506321
Fact. anual 100mm	**496**

Interés bancos i	0,05
Inflacción s	0,02
Periodo (años)	30
Inversión M	6300
Tasa de interes real r	0,0294
Factor amortizacion at	0,05063209
Fact. anual 125mm	**319**

Interés bancos i	0,05
Inflacción s	0,02
Periodo (años)	30
Inversión M	5800
Tasa de interes real r	0,0294
Factor amortizacion at	0,05063209
Fact. anual 150mm	**294**

2. Añade el coste anual a cada una de las alternativas en la factura de funcionamiento.

Opción	Inversion	Funcionamiento	TOTAL
100mm	496	4396	4892
125mm	319	2136	2455
150mm	294	1578	**1871**

La opción más económica es 125mm sin grandes ventajas sobre 150mm. En este caso es probablemente más ventajoso instalar la tubería mayor para poder hacer frente a instalaciones futuras. ¡Nota que no hemos incluido gastos de excavación, instalación, etc.!

Aunque existen fórmulas para averiguar el diámetro económico, como la de Mendiluce, creo que son más complicadas de utilizar.

Ejercicio 44.   Usando Epanet

En la zona del Ejercicio 36.net la electricidad tiene un coste de 0,05 Euros de 0:00-6:00, de 0,15 Euros de 6:00-18:00, 0,12 euros de 18:00-0:00. La bomba un rendimiento del 60%. ¿Cuál es el coste anual por bombeo?

1.   Abre el archivo **36.net** y calcúlalo.

2.   Calcula los multiplicadores que van a determinar la variación del gasto eléctrico:

   0:00-6:00   1

   6:00-18.00   0,15 eur/h / 0,05 eur/h = 3

   18:00-0:00   0,12 eur/h / 0,05 eur/h = 2,4

3.   Crea una curva de modulación del precio de la misma forma que creabas las de patrón de consumo :

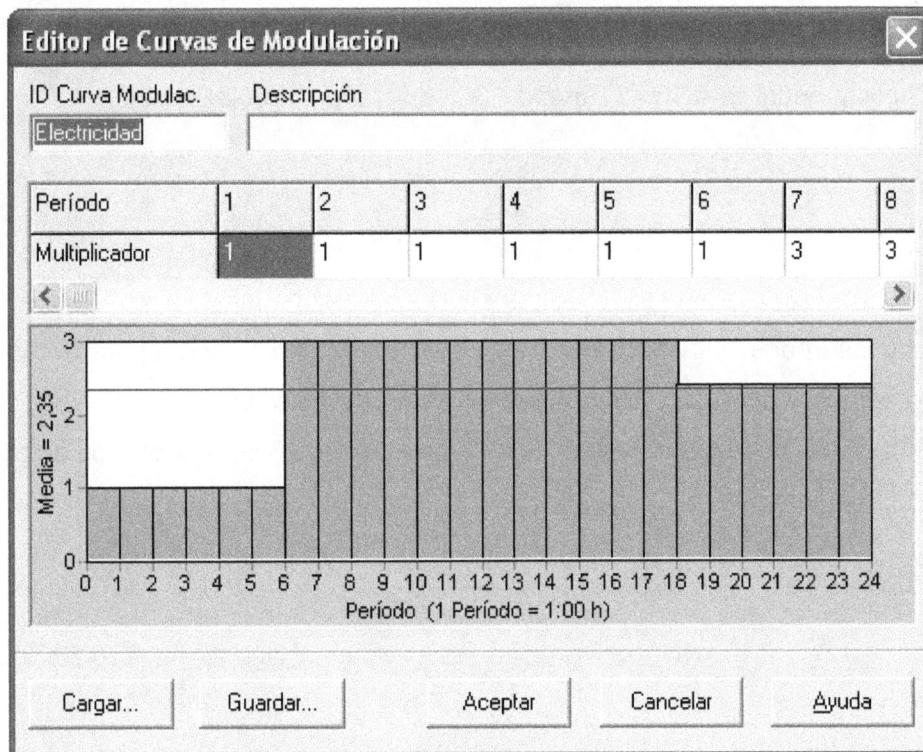

4. Haz > Visor /Opciones /Energía.

Configura el cuadro así:

Opciones de Energía	☒
Propiedad	**Valor**
Rendimiento Bombas (%)	60
Precio Energía (por kWh)	0,05
Curva Modulación Precios	Electricidad
Coste de la Potencia Máxima	0

5. Para obtener el informe, calcula la red y sigue > Informe /Energías:

Informe de Energias

Tabla | Diagrama

Bomba	Porcentaje Utilización	Rendimiento Medio	kWh /m3	Pot.Media kW	Pot.Punta kW	Coste /día
2	79,17	60,00	0,32	5,16	5,95	13,43
Coste Total						13,43
Término de Potencia						0,00

El coste anual será 13,43 Eur/día * 365 días/año = 4.902 Eur/año.

Calcula los consumos de la manera que te resulte más cómoda. Sin embargo, si usas Epanet, introduce los datos de la bomba exactamente para evitar que las aproximaciones con las que trabaja Epanet a falta de datos precisos te pasen factura. Introduce curvas de bomba de al menos 3 puntos con los datos del fabricante.

A modo de despedida

Llegado el final del libro, aún tendrás algunas preguntas. Muchas de ellas sólo se resuelven con la experiencia.

Al igual que las redes, este libro ha pretendido encontrar el balance entre cubrir todo lo que es realmente importante con cierta profundidad y no abrumar e intimidar con un volumen interminable de datos y situaciones. Espero haberlo conseguido.

Para resolver el resto, he puesto en marcha el portal www.epanet.es. Allí encontrarás descargas, ejemplos de redes, foros de discusión…

Si crees que el libro de puede mejorar de alguna manera o echaste algo en falta, no dejes de escribirme: coordinacion@arnalich.com

Y recuerda que hay vida más allá de Epanet… ¡Que la pantalla del ordenador no te impida ver a los usuarios!

Santiago Arnalich

Empieza con 26 años como responsable del Proyecto Kabul CAWSS Water Supply que abastece de agua a 565.000 personas, probablemente el mayor proyecto de abastecimiento de agua del momento. Desde entonces, ha diseñado mejoras para casi un millón de personas, incluyendo campos de refugiados en Tanzania, la ciudad de Meulaboh tras el Tsunami o los barrios pobres de Santa Cruz, Bolivia.

Actualmente es coordinador de Arnalich, Water and habitat. www.arnalich.com

Bibliografía

1. Arnalich, S. (2007). *Epanet y Cooperación. Introducción al Cálculo de Redes de Agua por Ordenador.* Ed. Arnalich, water and habitat

   www.arnalich.com/es/libros.html

2. Cabrera E. y otros (2005). *Análisis, Diseño, Operación y Gestión de Redes de Agua con EPANET.* Editorial Instituto Tecnológico del Agua.

3. Expert Committee (1999). *Manual on Water Supply and Treatment.* Government of India.

4. Fuertes, V. S. y otros (2002). *Modelación y Diseño de Redes de Abastecimiento de Agua.* Servicio de Publicación de la Universidad Politécnica de Valencia.

5. Mays L. W. (1999). *Water Distribution Systems Handbook.* McGraw-Hill Press.

6. Santosh Kumar Garg (2003). *Water Supply Engineering.* 14º ed. Khanna Publishers.

7. Rossman, L. (2000). *Epanet 2 User's Manual.* Environmental Protection Agency. Cincinnati, USA.

8. Walski, T. M. y otros (2003). *Advanced water distribution modeling and management.* Haestad Press, USA. Haestad methods.

9. Walski, T. M. y otros (2004). *Computer Applications in Hydraulic Engineering.* Haestad Press, USA. Haestad methods.

www.ingramcontent.com/pod-product-compliance
Lightning Source LLC
Chambersburg PA
CBHW081502200326
41518CB00015B/2350